图说**历史**丰碑

塔寺园林

李默 / 主编

广东旅游出版社
GUANGDONG TRAVEL & TOURISM PRESS
悦读书·悦旅行·悦享人生

中国·广州

图书在版编目（CIP）数据

塔寺园林 / 李默主编 . — 广州 : 广东旅游出版社，
2013.10（2024.8 重印）

ISBN 978-7-80766-678-3

Ⅰ. ①塔… Ⅱ. ①李… Ⅲ. ①造园林−建筑史−中国
−普及读物 Ⅳ. ① TU-098.42

中国版本图书馆 CIP 数据核字 (2013) 第 221441 号

出 版 人：刘志松
总 策 划：李　默
责任编辑：何　阳
装帧设计：盛世书香工作室　腾飞文化
责任校对：李瑞苑
责任技编：冼志良

塔寺园林
TA SI YUAN LIN

广东旅游出版社出版发行
（广东省广州市荔湾区沙面北街 71 号首、二层）
邮编：510130
电话：020-87347732（总编室）　020-87348887（销售热线）
投稿邮箱：2026542779@qq.com
印刷：三河市嵩川印刷有限公司
　　　（河北省廊坊市三河市杨庄镇肖庄子村）
开本：650×920mm　16 开
字数：105 千字
印张：10
版次：2013 年 10 月第 1 版
印次：2024 年 8 月第 3 次印刷
定价：45.80 元

出版者识

　　《图说历史丰碑》是一部全景式图文并茂记录中国文明历史的大书。出版者穷数年之力，会集各方力量——专家、学者、编辑、学术顾问们，在浩如烟海的历史档案、资料、著作中，探珍问宝，追寻中华文明在悠悠历史长河中的灿烂之光。此书的出版，凝聚了编撰者的心血，学术顾问们的智慧。尤其是李学勤先生，亲自动笔写下了序言，更增加了本书沉甸甸的分量。

　　中华文明的历史充满了辉煌与苦难，成就和挫折。它的历史无处不在，决定着我们中国人今天的思想和感情。当今的中国和中国人是中华文明的历史造就的，是中华文明的历史的延伸，也是它的一个组成部分，中华文明的历史之河奔流到现在。

　　中华文明是人类历史上最伟大的文明之一，是人类文明发展的主要构成。中华文明丰富、深刻、辉煌、博大，在人类文明中的骨干作用和领导作用人所共知。在人类文明的发源时期，中国就是四大古国之一，是地球上文化的策源地之一。在人类文明的早期，中华文明成为文明在东方的支柱，公元前后200年间，人类的汉帝国与罗马帝国这两只铁手攫住了地球。在欧洲进入中世纪的时候，中华文明更成为人类文明最主要的领导，它的文明统治东亚，传遍世界。进入近代，中华文明处于自身的重压和西方的欺凌下，但中国人民的斗争史和奋起精神是人类文明历史中不可缺少的一页。

　　五千年的中华文明为人类贡献出了从思想家孔子到科学技术的四大发明、从唐诗宋词到长城运河的伟大创造，贡献出了从诸子百家到宋明理学、从商周铜器到明清文学的深刻内涵，也贡献出了从五霸七强到三国纷争、从文景之治到十大武功的辉煌历史。中华文明的历史绚烂多彩，在人类文明的历史长河中永放光芒。

　　中华文明也是人类历史上最独特的文明，没有哪一个文明像中华文明这样持久，这样统一一致。世界上其他文明不但互相交错，其创造者也都与高加索体质的人种有关，它们是姐妹文明。在人类历史中，只有中华文明才是独特的，它的创造者是中国土地上的中国人民，与其他任何地方的人民都没有关系，它的文化是统一一致的文化，可以不依赖于其他任何文明而生存，但中华文明也绝不是封闭的，它接受他人的文化，也承担自己对于人类的责任。

　　人类进入新世纪，中国的社会经济发展令世人瞩目。人们对于世界未来的政治和经济结构的估计无不以东亚和太平洋为中心，而尤以中国为重点。

经济起飞只是当代中国的一个方面，中国的精神文明的建设尤为刻不容缓。如果中国要自觉地发展中华文明，要有意识地使中国的发展具有世界意义，就必须发展强有力的精神文化，这样才能使中华文明的发展进入一个新的阶段，才能形成中国和中华文明的全面现代化。

而中国的精神文化的发展植根于中华文明的伟大传统之中。进入近代之后，在西方文化的冲击下，对于中国文化的价值产生大量的情绪化和激烈冲突的论调。"五四"运动打倒孔家店的口号具有冲破封建束缚的时代意义，对中国文化的发展有不容否认的正面意义，与文化虚无主义是完全不同的。文化虚无主义者否定中国传统文化，在现代化的旗帜下主张全盘西化；而复古主义则沉迷于中国文化的古董，走进反进步、反科学的泥潭。

历史的发展则超越了所有这些论点，产生这些论调的一百多年来的中国近代史已经结束。历史要求中国发展，要求中国走在全世界发展的前列。西化论和复古论都已过时，历史已经要求世界超越西方，中国可以承担起世界的命运，而中国的现实和世界的历史都说明，中国的使命在于它的发展前进，而非倒退。

中华文明走出迷惘的时代，我们这一代处在一个伟大而具有挑战的历史阶段。

总结历史、展望未来，这就是《图说历史丰碑》的意义和使命。我们创作《图说历史丰碑》，力求总结和回顾中华文明的全貌，在内容和形式上都开创一个新的局面。在内容结构上，既具有一定的深度，又具有相当的广博性，既有严谨、准确的学术价值，又有活泼、流畅的可读性。我们在本丛书内容纳了中华文明的各个方面，使它综合了大规模学术著作的系统性、严密性和普及读物的全面性、简易性，它既可作为大型工具书检索中华文明的各个成分，又可作为通俗的读物进行浏览。

我们从上世纪 90 年代初起就开始思考中华文明的历史和现实问题，并逐渐形成了编著《图说历史丰碑》的设想。在开展这项庞大的文化工程之始，我们就聘请了国内权威学者李学勤、罗哲文、俞伟超、曾宪通、彭卿云诸先生担任学术顾问，他们对计划作了充分讨论，并审阅了大量初稿。我们聘请了广州、香港地区的社会科学学者、大学教师、研究生以及我社编辑人员几十人担任稿件的撰写工作。

通过创作这部书，我们深深地感受到了中华文明的博大精深，也感受到了它的内在缺陷。中华文明具有辉煌的时期，也有苦难的年代，有它灿烂的成就，也有其不足的方面。中华文明在自身中能够吸取充分的经验和教训，就能够使自身健康壮大，成长发展。

通过创作这部书，我们也深深感受到了出版事业的使命和重任。我们希望这部书能受到广大读者的喜爱，起到它所应当起的作用。为中华文明的反省、前进和奋起作一点贡献。

目 录

河姆渡文化出现干栏式建筑

　　在原始社会漫长的历史过程中，随着人类的进化，人类的居住环境也得到了相应的发展。由于不会从事生产，旧石器时代的原始人只能居住在天然形成的山洞之中；随着生产力的进步，原始人在树冠上搭建所谓的"巢"，开始了巢居；到了新石器时代晚期，他们在架空于地面的木桩上搭建全木结

干栏式建筑的最早考古发现出现于河姆渡文化。图为我国西南少数民族地区保留下来的干栏式建筑式样。

构的木棚，这就是所谓的干栏式建筑。

现在有关干栏式建筑最早的考古发现出现在浙江余姚河姆渡遗址，距今约为 5000 年，遗址背山靠水，西南面是一座小山坡，东北面是一片湖沼。遗址内包括至少三栋以上长屋，长达 23 米，面水一面有 1.3 米宽的外廊，建筑的整体结构基本上是下立桩柱、上置地板、板上立柱安梁以芦草或树皮遮顶。

桩柱是建筑中的基础部分，其下端被削成尖状，垂直打入地下生土层。所有桩柱成行排列，总共有 13 行，并以西北——东南为其主要走向。在桩柱之上，铺盖厚板，形成整个建筑的居住面，厚板长度大约为 80 ~ 100 厘米。

在地板面之上，紧接着下方立起的桩柱，又立起了若干梁柱，用以搭置围墙和铺设房顶梁。梁柱和桩柱的衔接采用当时较为先进的手法。他们在梁柱的两端均设置榫头，即在梁柱的末端十几厘米处凿出透卯，或从两个方向均垂直凿卯，并在柱心相通，呈"L"状。梁柱两端的榫头，下端插入地板，上端插入梁头，用以固定梁柱与地板的衔接。

梁柱搭成之后，就可在上面搭上梁头，并在梁头之上铺设芦草或树皮。如此，一座干栏式房屋遂告建成。

干栏式建筑在当时的出现，是具有一定的现实意义的。由于地板高于地面，一来可避瘴气和毒虫，二来可防止遭受猛兽的袭击，三来也可防止地板面的过度潮湿，特别有利于居住在降雨量较多的森林地带和湖泊沼泽地带的原始人类。

商王修建二里头宫室宗庙

约前 16 世纪，商王利用前代建筑遗留下来的基址，在今河南偃师二里头村南修建宫室宗庙。宫室宗庙建在面积约 1 万平方米的方形夯土台基上。巨大的夯土台可以起到防潮、卫生、

河南偃师二里头宫殿遗址复原大型木构建筑

加固的作用，并使宫室显得更加雄伟壮观。夯土台东西长 108 米，南北宽 100 米。台基中间建有土台，长 36 米，宽 25 米，宫室就建在土台上。经过对遗址的考古挖掘和复原工作，大致可以推测二里头宫室宗庙是一组围廊四合、宫室居中的建筑。宫室是一座长 30.4 米，宽 11.4 米的四门重屋式殿堂。殿前为广庭，面积达 5000 平方米，殿堂四周还有一面坡或两面坡式的廊庑。屋顶以纵架结构，即以外檐柱和与外檐柱平行的墙顶为支点架设斜梁或称大叉手屋架，转角处斜架形成角梁。总体结构属面阔 8 间、进深 3 间的平面布局。院内的殿堂基本位于后部院的正中，前部大门也基本位于前院的正中，因院落前后部宽度不同，两座建筑不在同一轴线上。院墙与院墙，建筑与院墙并不是严格平行，表现出当时建造的随意性，同时也反映出当时的建筑观念只是把个体简单地叠加在一起而形成群体，而没有进行建筑群体的艺术搭配。

二里头宫室宗庙建筑遗址于 1959 年被发现，是目前所知中国最早的宫室宗庙建筑，其建筑格式与风格对后世具有较大的影响。

明器陶楼反映建筑式样

　　汉朝是中国封建社会的上升阶段，中国古代建筑在这期间进入了一个繁荣时期。由于全国人力、物力和技术成就得到了集中使用，因而出现了许多规模宏大的建筑物。此外建筑技术发展很快，木构架建筑渐趋成熟，砖石材料推广使用，砖建筑和石建筑都得到了飞速发展，建筑形式呈多样化。从汉

陶住宅模型

墓中出土的陶制建筑物模型，即汉明器陶楼，就反映了汉代的建筑式样。

汉明器陶楼种类多样，形式富于变化，在平面形状、层数、结构、屋顶式样、柱梁、斗拱、平坐、勾阑、门窗、踏步、脊饰、瓦件等细部处理方面，都提供了比文献、壁画和画像更为具体的形象资料。

斗拱在汉代得到普遍使用，以一斗二升或一斗三升较为常见，常施用在陶楼的屋檐、平坐下或柱头上，按使用部位的不同，有柱头铺作、补间铺作、转角铺作和平坐铺作之分。

陶水榭。绿釉，水榭模型。水塘圆形，池沿排列人物、家禽、家畜，池内有鳖。平座中矗立双檐水榭，与池边有桥相连。

在斗拱的造型上，已相当明显地出现了斗耳、斗欹、拱眼和拱头卷杀，同汉代石墓中的斗拱甚为吻合。

屋顶形式也多样起来，庑殿顶、悬山顶、攒尖顶、歇山顶、囤顶等都已出现。其中主体建筑以四坡顶居多，悬山顶次之，在悬山顶下加单坡周围廊，是后世歇山顶的雏形。附属建筑如门廊、仓屋等，用两坡顶，也有用单坡、卷棚或囤顶的。屋顶的坡度平缓，檐口基本平直，但屋脊端部已有起翘；正脊中央常用朱雀等华丽的装饰，如河南灵宝县张湾东汉墓出土的陶楼所示。

建筑立面以三或三以下开间为多，大型仓楼有四或五开间的。住宅层数一至三层，仓屋一至四层，塔楼三至五层，其他房屋一般都是一层，只有大门上面有门屋的，才为二层。一般建筑的分间和塔楼角落，都用断面为方形的柱子，其他形式断面的柱子少见，可能是陶楼尺度太小，制作时难以表现的缘故。

其它方面门多为板门；窗有棂条窗、支窗、漏窗和气楼天窗等几种；勾

猪圈。据考古资料记载，春秋战国时代我国北方已出现猪圈与厕所相连的积肥方法，汉代又出现猪圈与作坊相连的陶模型。图为汉代陶制猪圈模型。

绿釉陶楼

阙望柱有出头和不出头的两种；室外踏跺仅有阶梯形的"土戚"，而无斜平面的"平"，式样较简单。

某些陶楼前有庭院，入口处置双阙，阙间施以短檐，其中，甘肃武威雷台出土的东汉地主豪强的坞壁明器，是陶楼中规模较大的：平面方形，周围有高墙环绕，四角各有两层角楼一座，角楼间有阁道相通，中央是五层塔楼一座。

汉明器陶楼中已经清楚地表现出用梁架承重，坡屋顶以及院落式组合等中国传统建筑的基本式样。

现存汉明器陶楼多出土于甘肃、山东、陕西、河南、广东、湖南、四川等地，由此可以看出这些地区当时的建筑式样。陶楼种类有简单和复杂两种，前者如畜圈、碓磨、仓廪和井亭，后者如住宅、塔楼和坞壁。这些陶楼明器多是用灰陶或红陶制成，少数还涂有薄釉。因为汉明器陶楼随葬，才使我们今天能看到当时的建筑式样，探究中国传统建筑的发展脉络。

中国第一座佛寺白马寺建成

　　佛教在西汉末年，已从西域传入中国。东汉明帝时，传说汉明帝夜晚梦到了一位金人，头顶上放出白色的亮光，在殿廷中现身后，又向西飞去。他的臣子们解释道，皇帝梦见的，一定就是西方的圣人"佛"。汉明帝对此产生了兴趣，于是，永平七年（64），汉明帝派遣郎中蔡愔和博士秦景前往天竺求佛经。他们跨越千山万水，历尽艰辛，到达天竺。永平十年（67），他们与天竺的两位沙门（高级僧人）摄摩腾、竺法兰带着佛像和佛经回到了洛阳。

白马寺中佛像

白马寺。佛教传入中国中原地区后建立的第一座寺院，建于东汉永平十一年。

汉明帝接见了天竺僧人，并把他们安置在东门外的鸿胪寺。第二年，又命人在雍门外另建住所，仿照印度祇园精舍构造，中有塔，殿内有壁画。摄摩腾和竺法兰就在这里翻译佛经，传授佛教礼仪。他们所译的《四十二章经》还是中国现存的第一部汉译佛典。由于驮佛经回来的那匹白马也供养在其中，这处住所就被命名为白马寺。"寺"原是官署的名称，比如鸿胪寺，就是招待外国人的宾馆，白马寺的建造是为了接待天竺客人，因此也称为寺。

白马寺是佛教传入中国后建立的第一所寺院，东汉时，绝大部分佛经在洛阳翻译，白马寺是最重要的译馆。自白马寺建成后，宫中对佛教供奉的规模日益扩大，佛教逐渐在上层人士中传播，各地也开始出现少量寺院，供来华胡僧与外域商人进行宗教活动之用。随着佛教的流行和影响的扩展，寺院被大量建造，成为佛教僧侣日常居住及进行宗教活动的专门场所，"寺"也逐渐变成佛教庙宇的专称。

康僧会入吴·江南首座佛寺落成

吴赤乌十年（247），西域康居国（今俄罗斯巴尔喀什湖与咸海之间）僧人康僧会由交趾抵达建业，吴大帝孙权为其建寺立塔，号为建初寺。

康僧会（？～280），世居天竺，其父因经商移居交趾。在他十余岁时，父母双亡，于是出家为僧。康僧会博学强记，广泛涉猎佛经和儒家经典，又通晓天文方技，能文善辩。到建业后，孙权与其交流，很为欣赏，专门为他在金陵大市后修筑了江南第一座佛寺——建初寺。

三国诗经铭文重列神兽纹镜

至晋太康元年（280）去世为止，康僧会在建初寺居住了33年，译注佛经。他师承安世高，偏于小乘，前后译出《阿念弥》、《六度集》、《旧杂譬喻》等佛经，共7部20卷，又注《安般守意》、《法镜》、《通树》3经，并写经序。康僧会汉学修养较高，其译注文辞典雅，文中多援引老、庄名词典故，后世赞其译笔是"妙得经体，文义允正"，可说是印度佛教汉化的先驱。

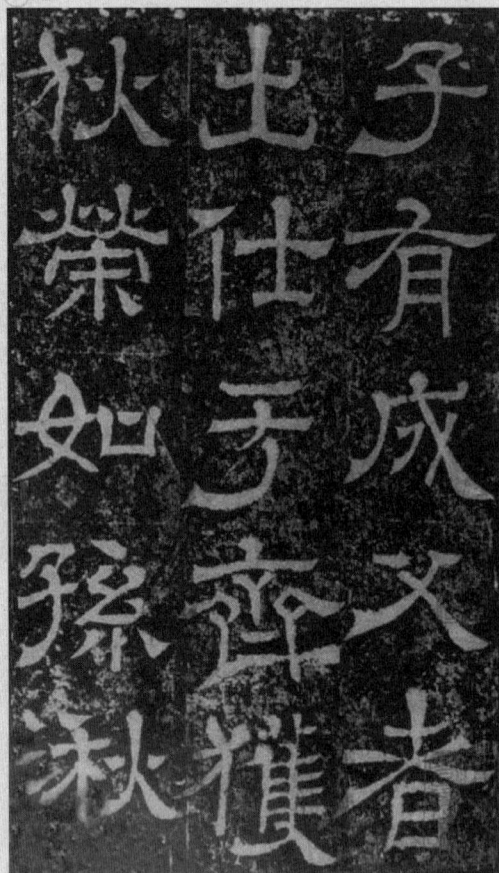

魏王墓残碑

敦煌石窟工程开始

东晋永和九年（353），敦煌石窟中的莫高窟工程开始营造。

敦煌石窟由莫高窟、西千佛洞、榆林窟和水峡口小千佛洞四库组成，规模巨大。其中莫高窟最为著名，工程最大，艺术成就亦最高，其他几处均为其分支。莫高窟又名千佛洞，位于甘肃敦煌东南25公里处，在大沙山与三危山之间的大泉沟西岸玉门砾岩绵延三里多长的崖壁上。东晋开凿后，经北魏、西魏、隋、唐、五代、宋、元历代增修，现存洞窟550余座。

莫高窟由上至下，分层开凿，最多可达4层。因所在崖壁石质松脆，不宜雕刻，所以石窟内的艺术精品多为大型壁画和塑像。现在洞窟中469窟存有精美、细致的壁画和塑像，保存了历代塑像两千数百身，壁画50000多平方米。壁画上画着关于佛教的神话故事，内容丰富多彩。所画形象逼真，生动活泼，栩栩如生。尤其在细微处见功夫，衣褶、纹饰、肌肉、表情等恰到好处，体现了极高的艺术水准。

西千佛洞在莫高窟以西，座落于敦煌城西南南湖店附近党河北岸，在玉门砾岩陡崖上开凿而成。石窟多已毁坏，仅存16窟，存有北魏、隋、唐、五代、西夏及宋代的壁画和佛

敦煌莫高窟。俗称千佛洞，位于甘肃敦煌县城东南二十五公里处。洞窟上下五层，高低错落，鳞次栉比，南北长一千六百多米。

敦煌洞窟一角。窟北壁有西魏大统四年 (538～539) 的墨书题记，是莫高窟早期唯一有确凿纪年的洞窟，对于进一步探究莫高窟艺术有重大意义。

像；榆林窟又名万佛峡，窟址在安西城南 50 公里的踏实河（榆林河）两岸，在玉门砾岩陡崖上开凿而成。东西两崖均分上、下两层，现存 40 窟，其中 29 窟有壁画。应为初唐、西夏及宋代所建，是仅次于莫高窟的河西佛教艺术胜地；水峡口小千佛洞又名下洞，在榆林窟以北，仅存 6 窟，为魏、隋二代所建，其壁画则为宋代作品。

敦煌石窟是中国三大石窟艺术中心之一，也是世界闻名的石窟艺术中心，是中国古代劳动人民智慧的结晶，具有极高的艺术价值，同时，亦为研究中国古代的宗教、艺术、历史、文化、社会提供了极其宝贵的资料。

敦煌壁画：九色虎本生局部·国王与九色鹿

炳灵寺石窟开建

　　东晋十六国时，割据甘肃西南一带的鲜卑西秦（385～431）政权，于西秦建弘元年（420）开建了炳灵寺石窟，成为当时与麦积山石窟齐名的佛教胜地，续至唐代，明以后逐渐湮没。

　　炳灵寺石窟位于甘肃省永靖县西南35公里的小积石山中。原称唐述窟，唐称灵岩寺，宋改称炳灵寺，是藏语音译，取十万弥勒佛洲之意。从西秦开建以来，到明代为止历有续建、修复活动。现存窟龛共196个，主要集中在下寺沟西侧南北长350米、高30米的壁面上，其余的零星分布在附近的上寺、洞沟、佛爷台等地，方圆约7公里。

　　建弘元年（420）建造的第169窟第6号龛，侧面有墨书题记："建弘元年岁在玄枵三月廿四日造"，是迄今所发现的中国石窟建筑的最早纪年题记，

禅定图局部，菩萨、飞天、供养人。炳灵寺石窟时期作品。

炳灵寺石窟北魏时期石雕佛像

它为东晋十六国晚期的石窟断代提供了重要标尺。此窟是西秦时代的代表窟，位于窟群的北端，距地面约 45 米，是个进深 19 米、高 14 米、深 27 米的自然洞穴。第 6 号龛是一个高 1.7 米、深 0.76 米、宽 1.5 米的摩崖小龛，塑有无量寿佛和观世音、大势至二菩萨。佛体端庄健硕、刚毅，佛背光上有伎乐飞天。其他龛的年代较第 6 龛的或稍有早晚，还间有北魏至隋代的作品。最早的龛像都是单身佛像，风格古朴，代表了中国石窟造像初期水平。它们的布局因地制宜，没有统一的格局。窟内的壁画，是现存最早有确切年代的壁画，是仅存的西秦壁画。属于西秦时期的还有第 1 号龛，称摩崖大龛，在窟群南端，曾经明代妆銮、重塑。北魏延昌（512～515）年间前后，炳灵寺石窟群中段又有大规模开窟活动。

北周洞窟的遗存数量较少，洞窟形制和北魏的较相近，造像风格却趋于

炳灵寺佛龛。西秦时期作品。

写实。隋代的部分壁画保存较好，展现了由魏晋南北朝向唐转变的特点。唐代窟龛的数量占总数的三分之二以上，保存有 134 处，多是露天的摩崖小龛，在造像组合和雕塑风格上都具有明显的时代特色。宋代以后，建设不足，破坏有余，一些洞窟中的若干密宗题材壁画只在元代得以重绘。

少林寺兴建

少林寺位于河南登封县城西北少室山北麓五乳峰下，印度僧人达摩在此首创禅宗，从此成为中国佛教禅宗祖庭。

少林寺始建于北魏太和十九年（495）。当时，天竺僧人佛陀到达中国，擅长禅法，得到北魏孝文帝礼遇，并且在太和十九年为他敕造

嵩山少林寺

寺庙于少皇山中，供给衣食。因寺处于少皇山茂密丛林中，所以名为少林寺。孝昌三年（527），禅宗初祖菩提达摩一苇渡江，来到少林寺中传授佛法，传说他曾于寺内面壁9年，后传法给慧可。此后少林禅法师承不绝，传播海内外。达摩长期打坐修炼，为活动筋骨，创造了后世广为流传的少林奉法。北周建德三年（574），武帝禁佛，寺宇被毁坏，大象年间重建，改名为陟岵寺。隋代又恢复旧名，日渐发展为北方一大禅寺。唐初少林寺13棍僧救唐王，立下战功，为少林寺博得"天下第一名刹"的名号。

寺内主要建筑有山门、达摩亭、白衣殿、地藏殿、千佛殿等。山门门额书"少林寺"三字。达摩亭又称立雪亭，相传为二祖慧可立雪之处。白衣殿有少林寺奉谱及13棍僧救唐王壁画。千佛殿内有500罗汉朝毗卢壁画，画面约300余米，是明代作品，寺内保存有唐代以来碑刻300余方，其中珍贵的有《唐太宗赐少林教碑》，以及苏东坡、米芾、赵孟𫖯、董其昌等人撰写的碑碣。少林寺西有塔林，始建于唐贞元七年（791），有塔220余座，型制各异，高低不同，另外还有初祖庵、二祖庵，以及附近的唐法如塔、同光塔、五代法华塔、元代缘公塔等。

胡太后建佛寺

北魏胡太后崇信佛教，修建了许多僧寺佛塔，斥资无数，国力消耗很大，人民穷困，怨声载道。这是她结束第一次临朝称制的重要原因之一。

胡太后所建寺庙以熙平元年（516）建的洛阳永宁寺和石窟寺为最有名。石窟寺座落于洛阳伊阙山（今河南洛阳南），极尽土木之美，轰动一时。

同年十一月，胡太后又令将作大匠郭安兴在洛阳阊阖门南建永宁寺，此寺仿平城永宁寺建成，为北魏洛阳最大的佛寺。寺内筑有一座九层浮图（塔），高达90丈，上面金刹（塔尖）又高10丈，距洛阳百里之外遥遥可见，塔上又挂满铃铎，夜静风吹铃响，声传十里。浮图北有神殿一所，中有一尊丈八金像，10尊一人高金像，3尊绣珠像，5尊金织像，两尊玉像，均工艺奇巧。殿后有僧房楼观千余间，雕梁粉壁，珠玉锦绣，其华丽令人惊叹。寺中还有一座大译场，众多高僧在此译出无数佛经。永宁寺富丽堂皇，自佛教传入中国以来，塔庙之盛，还没有超过它的。在北魏末年大动乱中，永宁寺毁于战火。

木塔楼开始流行

大型楼阁式木塔出现于北朝中晚期，是中国佛教建筑中最为特别的一种形式。

中国的佛教建筑由东汉时期开始传入的外来宗教建筑形式发展而来，佛塔是最初出现的形式。佛塔传入后，它的结构形式便与中国楼阁相结合，演变成平面方形木构楼阁式塔。

木塔的外观构思与结构技术，源于汉代流行的台榭建筑与多层楼观。东汉末期建造的"上累金盘、下为重楼"的徐州浮屠祠，就是在多层楼观的顶部，加以刹竿相轮等佛塔标志物建成的，是中国木楼阁式塔的前身。无论从材料还是施工看，用木材建造佛塔都比用砖石更加方便，所以这种建筑形式很快流行开来。当时的木塔每层都有柱身、枋额、斗栱和出檐部分，塔顶的形式与舍利塔相仿，只加高了刹竿部分以适应塔身比例。

北魏胡灵太后于熙平元年（516）在洛阳建的永宁寺塔是中国历史上最著名的木制佛塔。据称该塔高90丈，刹高10丈，离地千尺，共9层，距京城百里都可以遥遥望见，是一座平面方形木结构楼阁式塔。塔有四面，每面九间，三门六窗，朱漆扉扇，柱身与斗柱装饰华丽，使用了大量金属饰件。塔顶置金露盘及金宝瓶，由自塔身中伸出的刹竿所支撑。

木塔楼是中国独创的佛塔形式，是南北朝时期中国塔的主流。

嵩岳寺塔建成

　　嵩岳寺塔是中国现存最古老的密檐式砖塔。关于它的建成年代史料上没有记载，学术界有建于正光元年（520）或正光四年（523）两种说法，但它属于北魏佛教建筑的结论目前尚无异议。

　　嵩岳寺塔位于河南省登封县城西北6公里的嵩山南麓。这里原是北魏宣武帝的一座离宫，孝明帝正光元年改作佛寺，名闲居寺，隋仁寿二年（602）改名嵩岳寺。嵩岳寺塔是该寺遗存下来的唯一建筑。此塔总高37.045米，简单的基台之上为塔身，塔身为15层叠涩密檐，最上为塔刹，除门龛嵌石之外，整个塔体均用青砖以素泥浆砌造，全塔采用砖壁空心筒体结构，平面

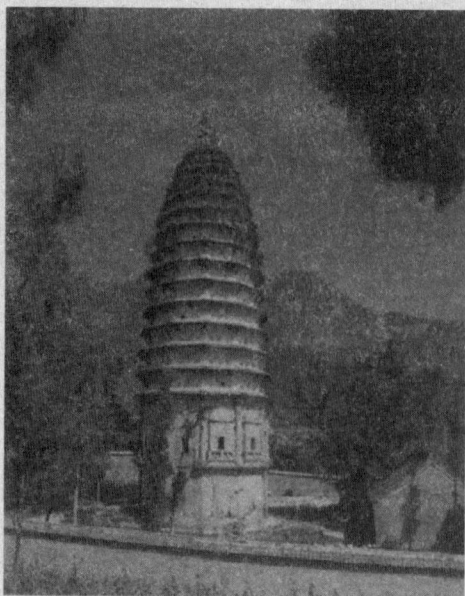

嵩岳寺塔

为十二边形，这种构形是现存古塔中的孤例，在我国建筑史上占有重要的地位。

在塔室底层有东、西、南、北四个辟券门作为入口，门楣作尖拱状，塔壁厚 2.45 米，内室底层为正十二边形，其余均为正八边形直井式，中间用木楼板分隔为十层，中砌腰檐将其分为上下两段，上段各角砌出倚柱，柱头饰火焰宝珠和莲瓣，柱身呈多边形，下有覆盆式柱础。塔身上部各面砌有 8 座塔形佛龛，凸出塔壁，龛内各有 1 尊佛像（已毁），其内壁尚存背光彩绘，龛座正面各砌门 2 个，其内各雕不同姿态的砖狮 1 个，腰檐以下塔身为索平壁面。由砖叠涩成弧状的密檐之间的矮壁上皆砌出示意性的尖拱门和破子棂窗。上、下檐按照一定比例收分，使整个密檐的外轮廓呈现出柔和优美的抛物线形。塔内空洞状的壁面上砌有八层叠涩檐，将塔室分为 9 层，内壁南面计有 7 个与外壁相通的小门，利于通气，但采光很差。塔刹高 4.75 米，由刹座、宝装莲花大覆钵、仰莲状受花、七重相轮和宝珠组成，从建筑材料和外形特点看来，当是北魏以后重修的。内顶以叠涩砖砌出高 1.4 米的斗八藻井，1989 年整修时还发现塔室地面下有一座地宫。

《洛阳伽蓝记》记录佛寺兴衰

武定五年（547）东魏迁都邺城后，杨衒之来到洛阳，有感于洛阳受战争的破坏，"城郭崩毁，宫室倾覆，寺观灰烬，庙塔丘墟"，十分怀念昔日繁华景象。于是始著《洛阳伽蓝记》，追忆北魏孝文帝迁都之后洛阳的盛景。杨衒之，北魏北平郡（今河北卢龙）人，历仕抚军府司马、期城郡太守、秘书监等职。

《洛阳伽蓝记》是南北朝时期记述北魏都城洛阳伽蓝（梵语佛寺）兴废的地志。共 5 卷。《洛阳伽蓝记》采用分别正文与注文的体裁，注文并依照佛教经典合本子注格式，兼载不同诸说。全书以洛阳伽蓝的兴废沿革为主要线索，先叙城内，次叙东南西北四门，各为一卷。所记寺庙40 余所，奢侈壮丽，可见北朝佛教盛况空前。本书虽以寺庙为纲，但所记内容涉及颇广，凡政治、人物、风俗、地理、名胜古迹、艺文等无不记载，并牵连叙述有关史实。在政治、经济、社会、文学、艺术、宗教、思想等诸方面，均保存了极为重要的史料。其中所收宋云《家记》、惠生《行记》、《道荣传》等，记述宋云与惠生出使西行史事，是研究中外交通史的重要资料。《洛阳伽蓝记》的文字简明清丽，颇具特色。此外，由于作者杨衒之一向反对佛教度僧建寺和贵族的施舍浪费，因此本书对于当时豪门贵族、僧侣地主的骄奢淫佚，寓有讥评之意。

《洛阳伽蓝记》问世后，诸家注本很多，以清吴若准的《洛阳伽蓝记集征》为最好。近代有周祖谟的《洛阳伽蓝记校释》、范祥雍的《洛阳伽蓝记校注》，考证均颇精详。本书还有王伊同的英文译本。

石刻佛像遍及中国

南北朝时期，不仅泥塑佛像、金铜造像的形制和规模极为宏大，而且石刻佛像也遍及中国，它们共同构成了魏晋南北朝的雕塑艺术的主体，创造了我国艺术史上的一次辉煌。

崛起于北方的鲜卑拓跋氏建立北魏政权以后将掳掠的众多僧侣迁至平城（山西大同市），使得佛教昌盛，随后曾在麦积山习禅的高僧玄高以及后来主持开凿云冈石窟的昙曜到达平城，加之太平真君七年（446）又将长安2000户能工巧匠迁徙至此，平城立刻成为北方佛教中心。兴安二年（453），在昙曜主持下开凿云冈石窟。

北齐代兴以后，佛教中心东迁至邺城，南北响堂山、天龙山石窟的石刻造像代表了北齐风格。其中以北响堂大佛洞规模最大，宽约12米，进深11米，四面开龛，内造四方佛，佛相丰圆，衣纹贴体，造型工整而洗炼，装饰十分华丽，展现出一种新的气象。

在南朝，由于豪门士族竞相奢华，崇佛之风代盛，齐梁京都建康佛寺壮崇，制像宏丽，开窟造像的规模也很大。位于南京栖霞山的千佛崖，是南朝造像最集中的龛像群，现存窟龛294个，雕像515尊，而文献记载的摄山大像通高4丈，二胁侍菩萨高3丈多，为栖霞山一大奇观，从这里我们可以看出南朝石佛的大体形制和规模。

保存于浙江新昌县西南的南明山大佛寺的"剡县石佛"，坐高5丈，立形10丈，如此巨像，在当时南北石窟造像中实属罕见。

除了大型石窟集约化的大批石刻佛像以外，南北各地都出土过许多石刻佛像，如曲阳出土北齐纪羊石刻佛像101件，以天保二年（551）张覆卧造交脚弥勒像、天保七年（556）张庆宾造弥勒倚坐像最为优秀。

中国的佛教雕塑艺术，在中国数经变化，到南北朝时期，基本摆脱了西

北齐造像碑

域及外来艺术的痕迹，完全地世俗化、中国化了，并且受当时奢靡世风的影响，石像的规模和形制极为宏大，呈现出集成性特色。北魏石刻雄健豪迈，表现了拓跋民族向上的朝气、刚毅不拔的性格。迁洛以后，以龙门风格为标志，反映了其汉化和南方化的轨迹，以秀骨清姿，宽袍博带为主要艺术特色。南朝雕塑呈现出装饰华丽的新气象。中国雕塑艺术从此进入了全盛时期，直接开启了隋唐艺术之先河。

佛寺建造登峰造极

从兴光元年到太和元年（454～477），全国有佛寺6478年，其中平城就有100所；朝廷迁都洛阳之后，发展更快，到宣武帝延昌年间（515），国内共建佛寺13727所，比前面的数量多了一倍以上，其中光是洛阳城内，便高达1367所之多，佛教在南北朝的兴盛状况由此可见一斑。

佛寺在南北朝时期的总体布局，主要是以佛殿和佛塔为中心，向四周扩散，一般是佛塔在前，佛殿在后，均位于寺院的中轴线上，其中，佛殿的规模往往很宏大，甚至可与皇宫的宫殿相媲美。如孝武帝太元四年，在荆州南岸建造的东西二寺，佛塔在前，佛殿在后，佛寺中大殿规模庞大，堪称国内大殿之首，"大殿一十三间，惟两行柱，通梁长五十五尺，栾栌重叠，国中京冠"。

在所有南北朝时期的佛寺之中，最著名的应推洛阳城的永宁寺，寺内有九级佛塔，其规模之大，不仅在南北朝时期，就是在现在，甚至整个中国佛教建筑史上，也是独一无二的。在九层佛塔的北面，有佛殿一座，"形如太极殿，中有丈八金像一躯，中长金像十躯"（《洛阳伽兰记》），除佛塔和佛殿外，寺内还有僧房楼观等附屋建筑一千余间，在整个佛寺建筑群的外围，有围墙一道，做法与宫殿的围墙一样，"皆施短椽，以瓦覆之"，在围墙的四周都有一道门，除北门不设门楼外，东西南三门均建有门楼，东西的门楼一样，都是两层，南门的门楼最为壮观，与皇宫的正门端门很相似，高达三层，通三层阁道，离地面有20余丈之高。

除永宁寺这种皇家寺院外，洛阳城内还有一批王室显富建造的宅第式寺院很有代表性，由于当时的达官显贵舍家为寺，因此这些寺院带有很浓厚的住宅园林式痕迹，如孝文帝的儿子清阿王元怿舍二宅的冲觉寺和景乐寺。冲觉寺建在西明门外，还留有元怿以前的建筑儒林馆、延宾堂，是当年王公贵族商讨国家大事的地方，改为佛寺则充当佛殿使用，而以前的一些园林设施则依然保持不变，使得冲觉寺“土山钓池，冠于当世”。孝文帝的另一个儿子广平王元怀也舍弃了两处宅第立为佛寺，称作大觉寺和平等寺。大觉寺将以前宅第中的主要建筑都充作佛殿。为补充宅第中没有佛塔的缺憾，他还在永熙年间特意建造“砖净图一所，土石之工，穷精极丽”。平等寺则“堂宇宏美，林木萧森，平台复道，独显当世”。由于这些佛寺在充作佛寺之前是王公贵族的住宅，因此，亭台楼阁，廊庑绮丽，极尽华丽，而改为佛寺之后又作大的改变，因此房庑精丽的佛寺成为南北朝佛寺的一大特色。

佛教在南北朝时期的兴盛及佛寺的大量建造，对整个中国佛教史以及中国佛教建筑史，都产生了很深远的影响。

山水园林大量涌现

魏晋南北朝是中国园林发展的转折阶段，也是山水园林的奠基时期。

晋室南迁，中原人士大量逃亡江南，他们于离乱颠簸之际，在风清物丽的环境之中过着安逸闲适的生活，他们尽情享受大自然的美，以文学艺术讴歌这种美，以园林艺术再现这种美。在建康、会稽、吴郡等士族聚居之地，私家宅园和郊区别墅相继兴起，都城建康兴建苑园之风尤甚。帝苑以华林、乐游两园最为著名，大臣私园

屏风人物（部分）。两幅皆以两株槐树和两组假山作背景。为较早的人造园林绘画。

多靠近秦淮、青溪二水。东晋时，纪瞻在乌衣巷的宅园、谢安的园林都以楼馆林竹而著称，而吴郡顾辟疆的园林则因王献之的遨游而闻名于世。南朝园墅也很兴盛，名士戴颙在吴下聚石引水，植林开涧筑园；齐刘勔在钟山南麓建园以邀友人聚会。与此同时，开始出现园林小型化的倾向。梁徐勉在东田自建小园，并认为"古往今来……不存广大，唯功德处，小以为好"。北周庾信也建小园，并以《小园赋》闻名后世。自两人始建小园，随之便形成一股建小园、小池、小山之风。北朝造园活动不亚于南朝，《洛阳伽蓝记》中就记载了北魏都城洛阳许多贵族官僚的园林，突出的有司农张伦园、清河王元怿园、侍中张钊园、河间王元涤园等。政局的变乱曾使洛阳一些王公贵族的住宅成为佛寺，宅园也成为寺中园林，因此在风格上并无区别。

帝王苑囿受当时思潮影响，欣赏趣味也向自然美转移。东晋简文帝、齐衡阳王萧钧都喜爱自然风格的园林，梁昭明太子萧统更是性爱山水，在泛舟元囿后池

时曾咏左思诗"何必丝与竹、山水有清音"以拒绝女乐，可见这时帝王宗室对山水的爱好和欣赏与一般士大夫是一致的，皇帝苑囿风格也追求山水自然之美。

这时期的另一个新发展，就是出现了具有公共游览性质的城郊风景点。南朝刘宋的南兖州刺史徐湛之，在广陵城北结合原有水面建造风亭、月观、吹台、琴室，栽种花木，使这里成为文人雅士游玩聚会的场所。来往这种风景点的游人可能只限于士大夫阶层，但不同于一般私人园林和皇家苑囿，具有众人共享的特点，不能不说是一种进步，可谓今天公园的前身。一些城市利用城垣和风景优美的高地建造楼阁，作为眺望游憩之用，既可畅览远山平川之美，又能丰富城市风景，是继承台榭发展而来的风景观赏建筑物。著名的景点有东晋武昌南楼，是官吏登临赏月之处；南朝建康瓦棺阁，是眺望长江壮丽景色的地方；浙东浦阳江桐亭楼，建在山水奇丽的浦阳江曲。

名士高逸和佛徒僧侣为逃避尘世而寻找清静的安身之地，也促进了山区景点的开发。东晋时以王谢为首的士族聚居建康、会稽，往往选择山水佳妙之处构筑园墅。如谢灵运在始宁立别墅，依山傍水，尽幽居之美，和一批隐士放纵游娱。佛教大师慧远，在庐山北麓下创建名刹东林寺，面向香炉峰，前临虎溪水，对庐山的开发起了促进作用。苏州郊外的虎丘，自东晋王珣、王珉兄弟舍宅为寺后，也逐渐成为著名的风景点。

作为山水园林主题内容的人工堆山，在此时达到了前所未有的兴盛。除摹写神仙海岛的方法仍被帝王苑囿采用外，世人更多的则采用概括、再现山林意境的写意堆山法。堆山的目的是为了陶冶性情，追求"有若自然"的意趣。南齐宗室萧映宅内土山取名"栖静"，便是这种意趣追求的例子，园林造山已从汉代的期待神仙和宴游玩乐转变为对自然景色的欣赏。

随着园林小型化，人们欣赏景物深化入微，松、竹、梅、石成为士大夫喜爱的对象。南朝陶弘景特爱松风，大量种植，欣赏风过之声；晋代嵇康、阮籍、山涛、向秀、刘伶、阮咸、王戎七人好为竹林之游，世称"竹林七贤"；南朝好梅者渐多，鲍照有《梅花落》诗；对奇石的欣赏寻求也成为时尚。

中国园林山水是凝聚中国文化特质的一种独到艺术，在南北朝时期已形成稳定的创作思维和方法，多向、普遍、小型、精致、高雅和人工山水写意化，是本时期园林发展的主要趋势，并且作为一种基本风格影响着后世园林艺术的发展。

南北朝寺院经济势力达到顶峰

　　南北朝时期，寺院经济高度发展，并最终达到顶峰，甚至直接影响国家经济命脉。

　　两汉之际传入中国的佛教，在北方，北魏中期以来由于文明太后和孝文帝的提倡而开始兴盛，云冈石窟就是在这种情况下大规模开凿的。北魏迁都洛阳后，佛教进一步兴盛，由于胡太后的倡导，全国兴建寺院，半世纪前僧尼只有 8 万人，此时却激增到 200 万人。北魏末发生了尔朱荣之乱，洛阳的王公贵族以至胡太后、孝明帝都死于动乱中。从天堂跌入地狱的人生巨变，使得佛教的轮回报应之说越发被人笃信，北魏出现空前的佞佛局面。进入东西魏和北齐、北周后，北方又重陷战乱，使佛教越发兴盛。到北齐、北周时，北方寺院已达 4 万所，僧尼 300 万人。在南方，南朝萧齐时期的竟陵王萧子良笃信佛教，佛教由此兴盛，到萧梁时期，佛教由于梁武帝的大力弘扬而达到极盛。在当时的都城建康，有寺院 700 所，全国有寺院 2846 所，僧尼 82700 人。

　　寺院势力的扩张使南北朝的寺院经济得到发展。南北朝以前，寺

北朝陶女立俑

院开支来源是帝王官僚的捐助施舍，没有形成独立的经济力量。到了南北朝，寺院开始积聚财富并独立经营生产。南北朝寺院经济组成主要包括田产、劳动力及主要通过生产和收租放贷获取的财富。寺院的劳动力有广大僧众及寺院佃户，还有北方的佛图户和僧祇户，南方的白徒和养女（为寺院服役的世俗男子称白徒，为尼寺服役的世俗女子称养女）。南北朝寺院经济生产主要是吸引大批役户充当劳动力以经营园林山池和土地，寺院土地上的收获物是寺院经济的主要来源。寺院势力的强大促进了寺院经济发展，同时寺院经济的发展又使寺院势力不断加强，并最终形成了与国有经济相抗衡的经济力量。

　　然而，由于寺院佃客、役户增多，导致了国家编户齐民人口减少，以至发展成政教的户籍之争；在寺院经济的经营中，寺院上层人物，即寺院地主与世俗地主的分别越来越小，与下层僧众和役户的矛盾也日益加深；寺院经济与国家经济的冲突也逐渐加剧。在南方，由于僧尼人数不多，未能对国家经济构成威胁，因而，南朝没有出现禁止佛教的事件。而在北朝，僧尼人口众多，寺院经济严重威胁了国家经济，最后导致了北周武帝灭佛事件。

修建道教太清宫

太清宫为道教宫观。"太清"相传为神仙居处，故道教宫观常以此名冠之。唐代因李唐皇室与道教始祖老子同姓，故大力提倡道教，宫观祠庙遍及全国，河南、崂山和沈阳均有太清宫。其中河南太清宫位于河南鹿邑县城东，古地名为苦县厉乡曲仁里，相传老子诞生于此地。东汉延熹八年（165）在这里建起老子庙。唐乾封元年（666），老子被封为太上玄元皇帝，创建祠庙紫极宫，天宝二年（743）改称太清宫。武周年间，老子母被尊为先天太后，建洞霄宫于太清宫北。两宫相距半里，隔河相望，中有会仙桥相连。宫观共占地 8772 亩，宏伟壮观。

唐天尊坐像，为道教盛期雕造。

盛极一时。唐宋间太清宫累遭兵火；金、元、清各代虽曾重建，续修，但规模已大不如前。元以后此处为全真道著名宫观之一。

龙门石窟艺术达到高峰

　　龙门石窟在唐代，尤其是唐高宗、武则天时期所造窟龛最多。唐代的约窟龛占龙门石窟总数的十分之六。在龙门开窟造像之风中，王室及文武官吏起着主导作用，其他还有僧尼、行会、士庶、街坊以及新罗、康居，吐火罗等外国僧俗。

　　唐代龙门石窟从规模上看有大洞、小洞、小龛三类，有七百个窟龛。这一时期，窟龛中造像题材扩大了，除北朝已有的释迦、弥勒、无量寿、观世音、三世佛之外、出现了卢舍那、大日如来、地藏像、优填王像、业道像、药师像、宝胜如来像、维卫佛、多臂菩萨、千手千眼观音和历代祖师像，同时还有刊造经文的人像。这时西方净土崇拜大为流行，阿弥陀及救苦观音像几乎占去唐代造像总数的一半。信徒造像记中有只讲"造功德"而不言所造为何像，将不同经典中的佛与菩萨任意地组合到一铺造像中，甚至有对信仰的佛或菩萨像造出数身，数十身，数百身，出现三弥勒并坐，

奉先寺大卢舍那佛头部

五观音并立、弥勒五百躯并排的现象。

唐代的代表窟有潜溪寺、宾阳南、北洞（以上二洞的佛像完成于初唐、洞窟及藻井则于北魏已完成）、奉先寺、净土堂、龙花寺以及极南洞。这些古窟都在伊川两岸的山岩上，东岸的岩壁上则全是唐代窟龛，其中有大窟七个，为二莲花洞、看经寺、大万五佛洞、高平郡王洞等。唐代龙门石窟艺术在经过南北朝数百年发展之后，达到了成熟阶段。龙门窟龛的造像规模、题材、技巧，都

奉先寺天王和力士。毗沙门天王和金刚力士，独占北壁壁面。二像皆面朝东方，作护卫之状。动作和谐，配合默契，雄壮威武，有无坚不摧之概。

达到了空前完美的程度。可以说，从唐太宗到唐玄宗初年这一段时期，龙门的造像活动一直比较兴盛，是龙门石窟上的第二个造像高潮。这一时期龙门最富有成就的代表作是奉先寺大型群像的雕造，它是中国雕刻史上的高峰。

奉先寺是露天摩崖造像群，南北宽约 36 米，东西进深约 40 米，主要造像九尊，都栩栩如生、神采飞动，艺术家按照佛教规定的形象，雕造了具有不同性格和气质的大型佛像。主像卢舍那大佛，通高 17.14 米，面颊丰满圆润，庄严典雅，眉若新月，眼睑下垂，双目俯视，衬托得那双灵活而又含蓄的眼睛更加秀美，鼻梁直挺，嘴巴微翘而又含笑不露。她庄重而文雅，睿智而明朗，是艺术典型中的完人形象。其后的背光，构图精美，雕刻细致，是龙门最大的背光装饰。外围浮雕飞天、伎乐一周，彼此呼应，密致无间，匀称和

奉先寺药叉。南壁药叉双膝叉开跪于地上，右手支撑着全身重量，左手抱着天王左脚，性格倔强。

谐。佛像左侧是弟子迦叶，右侧是阿傩，二弟子外侧是二菩萨，皆面如满月，表情宁静矜持。毗沙门天王身着甲胄，沉著威武，金刚力士怒目张口，蕴藏极大的力量。两侧造像既有主从对比，也有文武、动静的对比。奉先寺是最具代表性的石窟。

在龙门唐代的造像题材中，弥勒佛的造像数量仅次于阿弥陀佛，菩萨中以文殊、观世音为最多。龙门唐代弥勒佛，全部作佛装、善跏趺坐，左右有二弟子二菩萨侍立。

千佛洞、惠简洞、大万伍佛洞、极南洞和摩崖三佛都是以弥勒佛为主尊的。大万伍佛洞后壁雕出一弥勒，善跏趺坐于高背椅上，左右为二菩萨，椅上刻龙、骑狮人，鸟头马身兽及日月山水等。四壁及门外上部遍刻小佛，东南北三壁下部刻出罗汉二十五身。窟窿顶的中央刻八瓣莲花，周围绕以飞天、珍鸟、禅云、宝塔、笙、篦筷等。全窟烘托了一个亿万人成佛，快乐安稳，光彩夺目的弥勒净土境界。龙门唐代造阿弥陀成铺佛龛及造单身观音像成风，所造观世音，往往以持净瓶为特征。为求变化，有手提净瓶者，有倾瓶出水者，有手举净瓶者，有瓶中插花者，还有将净瓶系于腰带上者，菩萨姿势自由，身体呈S形曲线，丰胸细腰，优美异常。

龙门唐代的飞天不再持乐器，而专持花、果，作供养天人。万佛洞的飞天，头梳双丫髻，瓜子形脸，颈有项圈，上体裸，下穿裙，露足，身平卧，似于水中游泳。看经寺的飞天，头梳高发髻，面相圆润，肌肉丰满，帔帛和裙裳飘扬，袒胸露足。六身飞天似前后追踪，回旋飞翔。

大万伍佛洞三壁刻罗汉二十五身，是我国较早的一组罗汉群雕。每身罗汉旁都有一段摘自《付法藏因缘传》雕像的楷书铭文，从而可知这二十五祖名号。罗汉雕刻起伏丰富，动势刻画入微，线纹流畅，风格柔和，风度落落大方，极富真实感。龙门唐代供养人像，生动真切，代表一代人物风貌。

龙门石窟地处中原，

奉先寺僧尼像。法像头型浑圆，颈略粗（补修所致），恭立于莲座上。内着交领衫，外着袈裟，衣纹流畅，体态自然，给人以聪慧文静而又朴实笃厚之感，惜两手皆残。

是外来的佛教艺术植根于民族传统艺术的土壤之中的丰硕成果，是我国古代雕塑艺术完整体系的集中表现。因此，龙门石窟在我国石窟艺术中有自己的特殊历史地位。

四大名山佛寺兴盛

峨嵋山金顶。佛教四大名山之一的峨嵋山，传说是普贤菩萨的道场。

五台山菩萨顶。建有寺庙百余处，以佛教圣地而享名中外。

佛教有四大名山，是指山西五台山、四川峨眉山、浙江普陀山和安徽九华山。这四大名山自然景观秀丽雄奇，人文景观历史悠久，是我国国家重点风景名胜区。依佛教说法，这四山分别是文殊、普贤、观世音和地藏菩萨的"道场"，因此，此四大名山佛寺极为兴盛。

五台山在山西五台县东北部，古称清凉山。"五台之名，北齐始见于史"。方圆500里，由五座山峰环抱而成。五峰高耸，峰顶平坦宽广，为垒土之台，故称五台山，相传为文殊菩萨应化道场。五台山以佛教寺院众多著称。五

普陀山。浙江普陀山是佛教圣地之一。古刹琳宫，比比皆是，有"海天佛国"、"南海圣境"之称。

台之巅，各有一峰名和寺院：东台有望海峰望海寺，西台有桂月峰法雷寺，中台有翠岩峰演教寺，南台有锦绣峰普济寺，北台有叶斗峰灵隐寺。史载，北魏时在五台建有大孚寺、清凉寺和佛光寺。北齐时五台寺院增至200余座。隋文帝时，又于五个台顶各建一寺。

北宋太平兴国五年（980），敕内侍张廷训造金铜文殊像置于真容院（即今菩萨顶），重修真容、华严、寿宁、兴国、竹林、金阁、法华、秘密、灵境、大贤十寺。明末又重建了大塔院寺的大塔和显通寺的铜殿塔等。据初步调查，全山有"青庙"（汉僧所住）97处，"黄庙"（蒙藏喇嘛所住）25处。现存寺庙台内有显通寺、大塔寺、菩萨顶等39座，台外有佛光寺、南禅寺8座。

峨眉山位于四川省中部峨眉县境内。《禹贡》里称为"蒙山之首"，峨眉之名始于西汉。包括大峨山、二峨山、三峨山和四峨山。大峨山最高，通常所说峨眉山即指大峨山。

峨眉山作为佛教圣地有悠久的历史。相传东汉时即建有佛寺。峨眉山开始为道教"福地"，后来佛道并存。唐宋之际，道教衰落，峨眉山成了普贤

九华山，位于安徽青阳县西南的九华山，素有"东南第一山"的美称。

菩萨的道场。明清时，佛教鼎盛，寺院多达 150 多座。现存的 20 多座佛寺中著名的有万年寺、报国寺、善觉寺、伏虎寺、清音寺和光相寺等。此外，尚有洪桩坪、仙峰寺、洗象池等寺院多处。

普陀山位于浙江普陀县，西汉时称"梅岭"，宋时称"白华山"，明代始称普陀山，它是浙江省舟山群岛的一个小岛。据佛教传说，唐大中年间有一印度僧人来此，亲睹观音菩萨现身说法，授以七色宝石，故称此地为观音显圣地。佛经有观音住南印度普陀洛伽山之说，因此岛亦称普陀洛阳。唐大中十二年（858，一说五代后梁贞明二年，916），日本僧惠萼（一作惠锷）礼五台山得观音像，归国时舟过五台山遇风不能进，遂留像归开元寺（今称"不肯去观音院"）。自北宋以后，该山观音信仰盛行，寺院渐增，僧众云集。南宋绍兴元年（1131）将普陀的佛教各宗归于禅宗。明清三代相继兴建寺院，至清末有 3 大寺、70 余庵堂与 100 多处茅篷。3 大寺系指普济寺、法雨寺与慧济寺。庵堂有洪筏堂、锡麟堂、药师庵、澄心庵、息来庵、泾庵、文昌阁及妙峰庵、悦岑庵、鹤鸣庵、大乘庵等。

九华山位于安徽省青阳县境内，汉时称陵阳山，梁时名帻山，隋唐时称"九子山"。"此山奇秀，高出云表，峰峦异状，其数有九，故名九子山。"（《九华山录》）李白有"昔在九江上，遥望九华峰"的诗句，因此改名九华山。东晋时九华山中即建有道观和佛寺。唐永徽四年（653），新罗王族金乔觉渡海入唐，在九华山苦行75年。乔觉入定3年，人们看到他逝后肉身与佛经里的地藏菩萨相同，被附会成地藏化身，称"金地藏"。从此，九华山便成了佛教圣地中的地藏道场。历朝在九华山所建寺庙甚多，目前山中尚存寺庵70多所，规模最大的祇园禅寺、东岩精舍、万年寺和甘露寺合称九华四大丛林。九华山的寺庵布局灵活多变，与山势结合巧妙，以佛教殿堂和皖南民居相结合的形式也独具风格。

长安洛阳兴盛私家园林

　　唐代的园林与前代相比，一个显著的特点就是私家园林兴盛，其中尤以经济、文化高度发达的长安、洛阳为最。唐贞观、开元年间，洛阳城内公卿贵戚开馆列舍，凿池植林，建亭列榭，私家园林竟达千余家，盛极一时。长安城内以及城南樊川、杜曲一带泉清林茂之地，都布满大臣权贵、公卿官署的园林，甚至佛教寺院内也有供人观赏游览的庭院，盛况空前。

　　唐代私家园林规模较大，与唐人在城市、建筑上所表现的偏大的特点相一致，这在私园的大型园林中表现更为明显。皇亲国戚、大臣权贵大量占用土地，开池堆山。如牛僧孺的一处园林竟有400多亩。中唐名相李德裕在洛阳的园林周围40里，其间青山绿水、轩阁亭台无一不全。一些诗书文人的私园规模相对较小，然而白居易以"小园"自居的洛阳履道坊园，也在10亩左右。随着私园的普遍发展，小型园林日益增多。在小片的宅地上，凿池堆山，种花植草，建亭置榭，将自然之美和人工之美结合起来，借景抒情，托物寄兴，充分展现出盛唐时代人们积极乐观、胸襟开阔、国富民强、钟情于山水、追慕高雅逸情的社会风尚。许多官僚文人不仅在城内拥有宅园，而且在郊野名胜之地另建

唐三彩假山。是唐代园林艺术与建筑结合的实物资料。

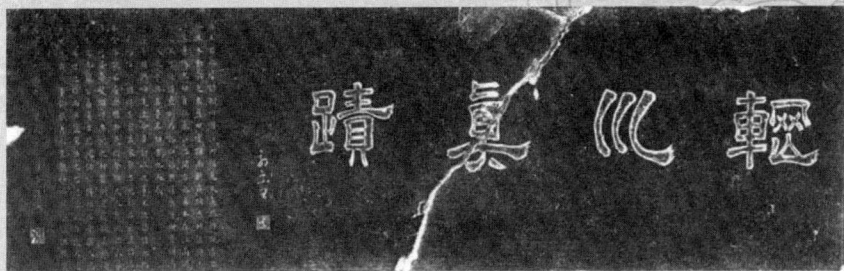

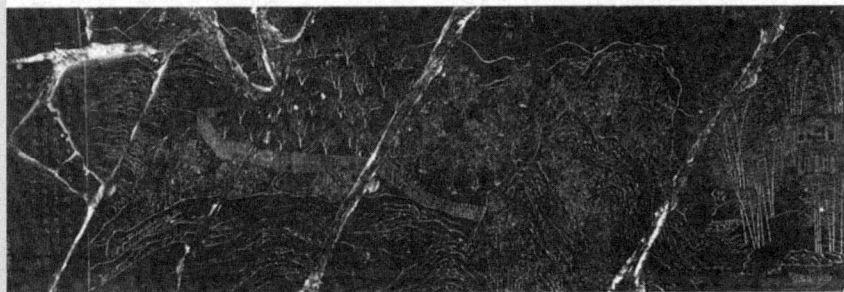

明郭潄六和清熊墨樵两人先后摹绘的王维"辋川图"石刻

造别墅，依山傍水，在优美的自然环境之中建亭馆，立草堂，更觉淡雅、幽静，颇有野趣。其中以李德裕的平泉庄、王维的辋川别业和白居易的庐山草堂最著名。

中晚唐时，私家园林小型化趋势逐渐加强。上至公卿、下至文人墨客，都不像盛唐时那样看重园林规模，而是将注意力集中到奇花异草怪石上去，喜好程度达到"癖"的状态。他们凭借其高深的文学修养以及多年欣赏园林的经验，赋予石以血肉，花草以灵气，朝揣夕玩，爱不释手。牛僧儒就曾把石分为九等，并对各等级均有品评，且每石之上皆有"牛氏石"三字；而名相李德裕的奇石均刻有"有道"二字。而对于草木，在中晚唐的园林业中更是有过之而无不及。松梅竹在南朝已被视作高雅之物，到了唐代，更被视作"贤才""益友"，这也从一个侧面体现了将草木人格化的文人的文学素养。

大诗人白居易在洛阳履道坊的宅园，以其造图匠意之高、情趣之雅，堪称中小型园林的代表。园的布局以池为中心，池中设三岛，岛上有亭，有桥两座与岛相通。池岸曲折，环池有路，多穿竹而过。池中又植有白莲、菱及

041

菖蒲等。池四周还建有供子弟读书所用的书库和贮粮的粟廪，又引园外伊水支渠于池中，作小涧以听水声，另有西亭及小楼、游廊，可供宴饮、待月、听泉之用。池边竹下还有太湖石二、天竺石二、青石三及鹤一对，真可谓"造化钟神秀"，"山水之乐尽于其中矣"。

中晚唐的私家园林值得一提的，除了中小型园林大受欢迎之外，园中、庭中的小池也备受青睐。他们借小池寄情趣，以小喻大，往往在方圆数丈的水池中追求造化之神趣。这在当时是十分流行的一种心理，甚至影响到高官权贵们。大诗人白居易曾赞小池："勿言不深广，但足幽人适。"还有一个皇帝也作《小池赋》："牵狭镜分数寻，泛芥舟而已沉。""虽有惭于溟渤，亦足莹乎心神。"进一步发展下去，造园的私主们求池不得，则退而在庭院中作更小的盆池，借方寸之水同样得天然之乐。杜牧曾赋诗："鉴破苍苔地，偷它一片天。白云生镜里，明月落阶前。"此外，大文豪韩愈也有咏盆池的五首诗，可见当时喜爱盆池的风气之盛，宋代大量的咏小池、盆池之诗也是受这股风气影响所致。

唐代的私家园林，其数量之多，设计之巧，情趣之雅远非汉代可比，后世亦只能步其后尘而已。其中原因主要是盛唐恢宏精深的文化造就了一大批诗人和文学家，也造就了独具特色的私家园林艺术。私家园林艺术不仅对后世的园林有深远的影响，对文化的反作用尤甚。

千寻塔修建

崇圣寺千寻塔约建于唐开成元年（836），位于今云南省大理县城西北苍山之麓，洱海之滨。该塔原来在崇圣寺的前面，现寺已不存。塔平面为方形。塔身最下面为石砌台基，高1.1米；上层台基为砖砌须弥座，高1.9米；台基上塔身每面宽9.85米。在第一层高大的塔身以上，有密檐16层，这在中国古塔中极为罕见，塔高69.13米。塔檐建筑方法为：先从壁面出叠涩一层，上施菱角牙子一层，

云南大理崇圣寺三塔。主塔千寻塔建于唐中叶南昭国保和时代。

再出叠涩12～15层。塔檐之上叠砌出低矮平坐。整个塔的轮廓呈现出优美的弧形，堪称佳作。塔身内为空筒式，置有似"井"字形交叉的木骨架，可以攀登塔顶。其结构形制极似于西安荐福寺塔，为唐代密檐式方塔的典型代表。千寻塔之西有两座小塔南北相对，均为八角形多层密檐式砖塔。塔高10层，达42.19米，建造时代略晚于千寻塔，当为五代时建筑。崇圣寺三塔鼎足而立，千寻塔高耸其间，塔身素白，秀丽挺拔，格外引人注目。1977年维修千寻塔时，在塔顶刹基内发现了佛像、写经、兵器、法器、乐器、小塔、金银器皿等大批文物。此外，还发现了公元1000年、1142年、1154年的银牌，说明大理国时期曾大规模修缮此塔。千寻塔出土的文物和建筑特征与唐代中原地区的文物及建筑形制极为相近，说明当时中国各民族之间的文化交流已非常密切。

千寻塔是现存的唐代最高砖塔之一，反映了中国古代劳动人民的智慧和建筑才能，在中国古代寺塔建筑史上占有重要地位。

佛光寺建成

唐大中十一年（857），佛光寺重新建成。

佛光寺位于今山西省五台县豆村附近。原创建于北魏，9世纪初存有3层7间弥勒大阁。唐武宗时，大肆灭佛，会昌五年（845），佛寺遭毁。后在旧址重建大殿，现保存完好。1937年建筑学家梁思成发现此殿。大殿位于佛光寺东端山岩下高12米多的台地上，面西，为全寺主殿。佛寺不大，但按地形布局，错落有致。配殿文殊殿在台地下院落北侧，建于金天会十五年（1137）。其他建筑为清代以后所建。

佛光寺大殿

大殿宽7间，中间5间有板门，两端各1间无门，设直棂窗，通长约34米，进深4间，17.66米，庑殿顶。殿内设一圈内柱（金柱），将空间分成内槽和外槽两部分。外槽空间较为低窄，作为内槽的衬托之用；内槽空间较为宽高，沿内槽后部三面有墙，围着佛坛，坛上存有唐代的彩塑像30多尊，沿大殿后墙和左右墙的阶状台座上设有清代以后所塑罗汉500尊。佛坛设围墙，上面有长覆形的天花，由用木条组成方格状的平和斜置四周的峻脚椽组成。天花下显露的4

佛光寺大殿内槽梁架

条大梁及其上下的斗拱把佛坛空间分成5个较小的部分。佛坛正中为3尊较大的坐佛塑像，两端塑像较小，为骑象普贤菩萨和骑狮文殊菩萨，各像周围又都有一些其他小像，共组成5组，对应5个空间。

大殿建筑具有很强的秩序感和整体感，建筑的空间与雕塑也配合得十分默契。佛坛设围墙，既强调了佛坛在大殿中的中心地位，也突出了雕塑所在空间的重要性。塑像的高度、体量与所在空间相对应，既不显拥塞，也无空旷之感。建筑设计者也考虑了视线效果，人站在殿门时，内柱围

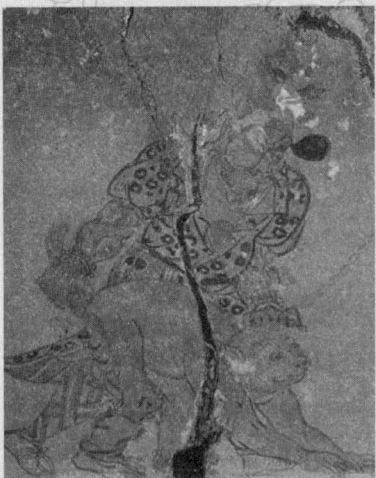

山西五台佛光寺镇妖壁画

成的框并不阻挡塑像的完整组群和坐佛背光；站在内柱一线时，佛顶与人眼的连线仍在正常的垂直视角以内。大殿内残存有数幅唐代壁画、建筑彩画和题字。

大殿立面竖向为台基、屋身和屋顶。台基朴素无华；屋身立柱分侧脚和生起，显得体型稳定和富有韵味。柱上斗拱粗大，高度几近柱高之一半。出檐舒远，外挑达4米，约等于檐口到柱底的一半高度；屋顶坡度平缓，屋檐从立面中心起即开始向两端上翘，曲线柔韧，整座屋顶从容舒展。正中屋脊边高中低，略呈弧线，两端以尺度颇大而轮廓简洁的内卷鸥吻收束，位置恰到好处，与立柱互相对应，增强整体造型的有机性。现为全国重点文物保护单位。

佛光寺大殿是现存中国最早的木结构殿堂之一，造型精美，格调雄健昂扬，雍容大度，为中国建筑艺术的精品，在中国古代建筑史上占有重要地位。

唐代法门寺地宫

　　1985 年秋，法门寺明代砖塔倒塌，曾发现宋元等朝珍本经卷。1987 年 4 月，在清理残塔塔基时，发现了距地表约 1 米多的唐代塔下地宫。唐代多次迎送的 4 枚佛指舍利和皇室为供奉舍利而敬献的大量金银器、瓷器、琉璃器、珠玉珍宝、漆木器、石刻、杂器、货币和大批互相叠压的丝织品都原封不动置于原处。从发掘情况来看，法门寺唐代地宫是迄今所见最大的塔下地宫。

　　地宫中出土的第一枚佛指舍利，藏于唐懿宗供奉、由两尊石刻天王守护的八重宝函之中。第二枚佛指舍利放置于中室内汉白玉双檐灵帐中，其形状与第一枚相似。第三枚佛指舍利珍藏于加织物所包裹的地宫室内小龛中的铁函里。第四枚舍利安置在地宫前室的彩绘四铺菩萨舍利塔中，其色泽大小、形状与第一枚相似。

　　上述 4 枚舍利是唐代皇室当年所迎送的佛指舍利。法门寺地宫中珍藏的佛指舍利是以重重密套的金、银、水晶、玉石、珠宝和檀香木等贵重材料制成的宝函盛置，反映了唐朝皇室对佛祖的极度尊崇和对舍利的极度珍视。这些雍荣华贵、工艺精湛的葬具，也反映出唐代辉煌的物质文明。

唐赤金龙。法门寺地宫出土。金龙呈四足直立状,
神态极其自然生动。头上两角自然弯曲,并以纤细
的阴线刻出眉、目及颈部的毛发,通体錾以细密的
鳞纹,精美异常。

唐鎏金双峰团花纹镂空银香囊。法门
寺地宫出土。

唐银芙蕖。法门寺地宫出土。

唐歌舞狩猎纹八瓣银杯。法门寺地宫出土。
此杯为波斯流行的式样。

栖霞寺舍利塔建成

　　五代时，南北方对待佛教的政策是两个极端，北方五代统治者对佛教执行严格的限制政策，而南方如吴越王钱弘俶铸金涂塔，是推崇佛教的，于是南方成为佛教禅宗的根据地，这里的佛教艺术也获得较大发展，南京栖霞寺舍利塔的建成，足以代表南唐佛教建筑和佛教造像艺术的最高水平。

　　栖霞寺是南朝以来佛教中心之一，至唐代被推为国内四大丛林之一，可惜如今大半佛龛古迹已毁损。舍利塔在寺左侧，始建于隋文帝仁寿元年（601），后毁，现存遗构是南唐高樾及林仁肇重建。

　　舍利塔高 18.04 米，是通体用石灰岩砌成的仿木结构建筑形式。塔身造型秀丽、小巧、玲珑，为八角五层塔，每层的高度与广度都随层次逐渐减缩，现出十分稳固的姿态。精美的造像和装饰性雕刻施满塔身，集民族传统雕刻诸技法之大成于一塔，表现形式极为多样，显示出当时石雕艺术的高度成就。最有代表性的是雕在基坛束腰部的"释迦八相"和刻在塔身上的二菩萨、二天王以及二仁王。

栖霞寺舍利塔

　　环绕基坛周围的八幅横披式"释迦八相"，是五代遗迹中仅见的浅浮雕珍品，处处显示出传统绘画的功力——应用了前代壁画中把不同时、地的情节表现于同一画面的处理方法，如"出游"图既描写了悉达太子的出城，刻画了太子游四门时前后所见的生、老、病、死等世苦的全部情节；也运用了"压地隐起"这种从汉代书画基础上发展而来的新方法，在浮雕中凸出主要人物，使之具立体感。题材内容、图景

栖霞寺舍利塔降魔浮雕

栖霞寺舍利塔说法浮雕

栖霞寺舍利塔降生浮雕

融传说与现实为一体，人物形象、宫殿楼阁反映了中国当时社会的真实情况。

塔身上的天王、仁王和文殊、普贤菩萨等像都为半浮雕作品，作者徐知谦、王文载、丁延规等均有题名刻于上角。此外，在基坛和塔身各层，精美雕饰密布，几乎没有空隙。各层均设龛造像，角柱饰以侏儒和立龙，檐下则雕饰供养天人，其他局部刻宝相华、海石榴、莲华、蔓草纹以及瑞禽祥兽，题材范围相当广泛。表现形式随题材和形象而异，随处可见压地隐起、线雕、须地平钑等各种雕法，特别是波涛翻腾的浮雕海面，活泼游动的鱼虾显现其中，刻画相当出色。

栖霞寺舍利塔，整体形象富丽精巧，气派工整典雅，在雕刻史上足以代表南唐艺术的高度成熟，在建筑艺术方面是后来《营造法式》的范例。

开宝寺舍利塔建成

　　端拱二年（989）八月，工匠喻皓奉诏建成开宝寺舍利塔。

　　喻皓，宋代浙东人，曾为都料匠，擅长建塔，著有《木经》三卷，已遗失。欧阳修称赞他："周朝以来木工，一人而已。"

　　太平兴国七年（982），喻皓奉太宗之命建开宝寺舍利塔，历时八年，终于建成。舍利塔八角十三层，是高达120米的巨型木塔，命名为福胜塔。他根据京师开封多雨北风的特点，使塔身微向西北倾斜，认为这样才能保证百年不倒。

开宝寺塔

　　庆历四年（1044），木塔被雷火焚毁，数年后，又在原地按原式样重建砖塔，保留至今，由于使用特制的铁色琉璃砖，民间称之为"铁塔"。

保国寺大殿开建

保国寺在今浙江宁波市西，大殿为寺内现存最早的主要建筑，是江南罕见的木构建筑遗物。建于宋大中祥符六年（1013），面阔3间，计11.91米，进深3间，计11.35米。大殿柱和内额为七辅作双抄双下昂单拱造，内柱不等高，用以小拼大的"包镶作"和以四块同样大小的木材榫卯而成的"四段合"方法制成。整个建筑保留了部分唐代风格，是研究宋代木结构建筑发展、演变的珍贵实物资料。

宁波保国寺大殿

华严寺雕塑开建

华严寺位于山西省大同市内，系辽兴宗、道宗时（1031~1101）所建，是中国辽代佛教彩塑，为辽代雕塑的代表作。辽末因金兵攻陷西京（今大同），该寺遭到严重破坏，金熙宗天眷三年（1140）重修大雄宝殿。自此，华严寺便分成上、下寺两组建筑，今位于下寺的薄迦教藏殿，位于上寺的大雄宝殿，皆为辽金原物。

薄迦教藏殿建于辽重熙七年（1038），为藏经殿。殿内沿壁排列着制作精巧细致的重楼式壁橱38间，在后窗处中断，做成天宫楼阁5间，以圜桥与西边壁橱相连。殿内现存辽代塑像29身，据金大定二年（1162）碑记称系"三世诸佛、十方菩萨、声闻、罗汉、一切圣贤"。佛坛平面呈倒凹字形，中央并列三佛，四角为四个身着铠甲神态威武之护法天王。北端本尊为过去佛燃灯佛，二胁侍二弟子四菩萨；中间为释迦牟尼，胁侍二弟子四菩萨；南端为未来佛弥勒佛，胁侍六菩萨。过去、未来座前各有两个供养童子及后世补塑坐佛各一尊。佛、菩萨面形方面，通身敷彩，面部及冠上贴金。圆光为流水形环状纹饰，是辽代常用的装饰纹样。菩萨神情体态各不相同，或盘跏趺坐，或站立，双手或一垂一扬，或合十胸前，颇具女性风度。弥勒佛左外侧菩萨神态尤其优美典雅，堪称辽代雕塑的代表作。

大雄宝殿是华严寺内主要建筑，也是中国现存规模最大的佛殿之一。殿中央有大佛5身，据

华严寺胁侍菩萨塑像

053

明成化元年（1465）《重修大华严禅寺感应碑记》所载，为明宣德至景泰年间（1426~1456）所造之五方佛：中间毗卢舍那佛、东方阿閦佛、南方宝生佛、西方阿弥陀佛以及北方不空成就佛。佛像面相扁平上宽，肉髻上现宝珠，两旁为胁侍菩萨，大殿南北两侧各立二十诸天，雕塑在整体布局上颇为壮观，但神态的刻画远不及辽代塑像。

华严寺经过辽、金、明三代的建设和重修，留传下来，成为中华民族宝贵的文化遗产。

上华严寺大雄宝殿

定县开元寺塔建成

至和二年 (1055)，定县开元寺塔建成。定县开元寺塔始建于宋咸平四年 (1001)，位于今河北省定州市城区东南。塔高88米，为八角形11层楼阁型砖塔，是中国现存最高的砖塔。相传开元寺僧人会能曾往西天竺取经，得舍利子归，

开元寺塔

宋真宗赵恒乃下诏建塔供奉，"砍尽嘉山木，修成定县塔"。又因当时定州与契丹相邻，登塔可了望敌情，故又称"了敌塔"。

定县开元寺塔外观挺拔秀丽，比例适中，结构严谨，细部手法富于变化，为宋代砖塔中之佳作。

塔由十余种不同规格的青砖砌成。塔底层高度高于他层，全塔越向上塔径越小，层高也越矮，上部轮廓呈弧线内收，略近梭形，腰檐用砖砌叠涩挑出，断面呈内凹曲线，手法近似登封嵩岳寺塔。塔顶上用砖砌仰莲和覆钵，并上加铁制的承露盘和青铜宝珠。在八角形的东、西、南、北四正面，每层各辟有门，其余四面设窗，但其中仅第二、第十和第十一层的西南面是真窗，其余均为浮雕成几何形窗棂的假窗。塔身各层外壁内均有一周回廊，廊顶为砖制两跳斗拱，上施支条背板，仿木构建筑做法，其第二、第三层的背板用方砖刻出各种纹饰，且不重复，并饰以彩色，非常华美富丽；第四至第七层以木板代砖，上施彩绘；第八至第十一层仅用穹窿，无斗拱、平棋。回廊内为八角形砖柱，柱内设塔心室或砖阶。首层因高度大有两层塔心室。上部的圆顶仿斗八藻井的形式，用八条砖肋支承逐层挑出，第四层以上各层的阶梯在平面呈十字交叉形。塔内碑刻和铭文，具有极高的史料价值。

定县开元寺塔对研究中国古代佛教及佛教建筑都具有重要意义。

佛宫寺释迦塔建成

　　佛宫寺原名宝宫寺，在山西省应县城内，约于明代改为现名。释迦塔于辽清宁二年(1056)建成，是中国现存唯一的楼阁式木塔，也是现存世界上最高的木结构建筑。塔在寺内前部中心，前为山门，后面砖台上原有佛殿，是中心塔式佛寺布局。民间称为应县木塔。

佛宫寺释迦塔结构图

佛宫寺释迦塔

释迦塔是一座平面正八边形、每边显 3 间、立面 5 层 6 檐的木结构楼阁式塔。底层和附加的一周外廊 (副阶)，直径共 30 米，塔身底层直径 23.36 米；其上各层依次收小约 1 米，第 5 层直径 19.22 米。塔下用砖石砌筑基座两层，共高 4.4 米。自基座至第 5 层屋脊，全部用木结构框架建成，共高 51.14 米。第 5 层攒尖顶屋面上砖砌刹座高 1.86 米；座上立铸铁塔刹高 9.91 米，因而全塔自地面至刹尖总高 67.31 米，约为附阶直径的 2 倍许，不过于瘦高，显得雄伟庄重。

释迦塔的结构采用中国古代特有的 "殿堂结构金箱斗底槽" 形式，第 1 层外檐用七铺作外观挑出双抄双下昂。共用柱额结构层、铺作结构层各 9 个，反复相见，水平叠垒，最上是屋顶结构层。每一个结构层，都采用大小同本层平面相同、高 1.5 ~ 3 米的整体框架，预制构件，逐层安装。这种结构坚固稳定，是有效的防震构造。释迦塔建成后 500 余年中，已经历 1 次大风暴和 7 次大地震，仍完整无损，便是有力证明。

释迦塔、山西五台佛光寺大殿与河北蓟县独乐寺观音阁，是中国现存古代建筑中的三颗明珠。释迦塔在建筑结构、技术、艺术方面的成就，使 得它成为研究中国古代建筑史的重要对象。此外，释迦塔底层南面正门的边框和塔内第 3 层木制佛坛，均为辽代小木作的稀有实例。木结构能达到如此规模、如此高龄 (到 1996 年已有 940 年)，实为世界建筑史上一大奇迹。

灵岩寺泥塑成

宋代，灵岩寺佛教罗汉像开始雕塑，此后，越元、明二朝，始告竣工，成为我国古代雕塑艺术宝库之一。

灵岩寺位于山东省长清县灵岩山，相传该寺始建于前秦永兴(357~359)年间，宋时，通称"十方灵岩禅寺"，成为著名佛家寺院。院中有许多宋、明时代的佛教塑像，主要是泥塑罗汉像。其中千佛殿有了身藤胎髹金和铜铸佛像、40身泥塑罗汉像，在寺之四壁及屏壁上也陈列着很多尊木雕或铜铸的小佛像。

这些罗汉像体腔内还藏有各种重要文物，如铜镜、钱币、丝制内脏以及墨竹题记。有一尊泥塑还以铁罗汉为内胎，可知这些罗汉像是经过多次修塑而成的。根据碑传等材料推断，最早在宋英宗治平三年(1066)，塑造32身，元致和元年(1328)又对其重新加以妆塑，这些塑像可能置于寺内般舟殿中，直至该殿倾坍。明朝万历十五年(1587)重新修缮千佛殿，并把残存的27身宋塑罗汉迁入殿内，又再捏塑13身罗汉，共成40身。清同治十三年(1874)，

灵岩寺彩塑罗汉

最后一次妆銮后，即为现今所见之塑像面貌。这些泥塑身高 1.6 米左右，呈环状置列于殿内四周下层壁坛之上。在表现手法上追求形象逼真，刻画了不同年龄和身体特征的差异。宋代泥塑已掌握了相当成熟的解剖学知识，其形态结构合理，脸呈长方型，鼻梁高起，眉弓隆突，轮廓清晰，衣纹刚劲有力，又富于质感，体现了人物的不同性格和精神状态，达到很高的艺术水平。

灵岩寺彩塑罗汉

正定隆兴寺成为北方巨刹

元丰年间 (1078~1085)，正定隆兴寺扩建完工，成为北方巨刹。

在河北省正定县城内的隆兴寺，原名龙藏寺，创建于隋开皇六年 (586)，著名的隋龙藏寺碑尚存寺内。北宋开宝四年 (971)，宋太祖赵匡胤命建大悲菩萨铜立像和阁，扩建该寺院，到元丰年间 (1078~1085) 完工，改名龙兴寺，成

正定隆兴寺大悲阁

大悲阁的龙石雕。
在有限的空间表现
出龙的盘桓欲飞的
气势。

大悲阁的力士石雕。将力士作为扛负佛像莲台的装饰物，是工匠们的创意。

大悲阁的乐天石雕。象征佛国净土的繁华景象。

为北方巨刹。后经金、元、明、清历代重修。清初又改名隆兴寺，但仍保持北宋时期的总体布局。它是现代宋存寺庙中保存原貌较完整的一座，1961年被国务院定为全国重点文物保护单位。

寺院原分中、东、西三部分，有山门、大觉六师殿、摩尼殿、戒台、大悲阁、慈氏阁、转轮藏殿、御书阁和集庆阁等建筑组成，全寺主要殿阁的屋顶都是布瓦绿琉璃剪边。现仅有山门、摩尼殿、慈氏阁和转轮藏殿4座为宋代建筑，但也经后代做过一定程度的改动。

摩尼殿建于北宋皇祐四年 (1052)，面阔七间，进深 6 间，长 33.32 米，宽 27.08 米，重檐歇山屋顶。特别之处是把外墙砌到副阶檐下，另在副阶四面正中各加一座山面向外的歇山顶抱厦。宋代称"龟头屋"。这样结构屡出现在宋画中，实物仅此孤例。殿内供奉释迦牟尼、文殊、普贤等神像。

大悲阁是全寺的主体建设，宋开宝四年 (971) 建。原为七间三层五重檐的建筑，内供赵匡胤命铸的四十二臂大悲菩萨立像，高 22 米，是现存最高的古代立像。阁两侧东西并列有御书阁、集庆阁，原与大悲阁以飞桥相联，整体造型宏伟壮丽。

大悲阁前方东西相对有慈氏阁和转轮藏殿，都是面阔进深各 3 间前加副阶的二层楼，采用宋式厅堂型构架。转轮殿下层装直径 7 米的六角形转轮藏，即放置佛经的旋转书架，是宋代小木作的稀有遗存物。慈氏阁内供慈氏菩萨，高两层，因而阁整体构架中心为一空井。其构架采用古代阁的做法，下层后檐柱直抵楼板下，不用平坐柱，另在这些柱外侧再加一柱承下层腰檐，即是《营造法式》中所载的缠腰做法。这些都是反映宋以前做法的稀有例证。

隆兴寺佛像群制作技术先进。寺内大悲阁千手千眼观世音菩萨铜像铸造于 971 年前，大悲阁的东、西、北三壁有观音、文殊、普贤三大塑壁，于端拱二年 (989) 大悲阁竣工后造作，场面宏大，构图严谨，图景亦复杂，形成了以观音为主尊，文殊、普贤为辅的组合形式。此外，千手观音像下宽广的须弥座，亦是北宋营造时的原作；座侧各处满施雕饰，其中如檀柱的力士、蟠龙，形象无一类同，表现得颇有力量；壶门内的伎乐人，姿态变化多样，异常生动。这些辅助雕饰和大悲阁以"千手观音"铜像为主体的佛像群构成一个整体，庄严壮观。

大悲阁"千手观音"高达 22.5 米，是中国佛教史上金铜巨像的罕见之作，是国内现存最大的金铜造像。大悲阁内其他佛像造型也很宏阔，如观音菩萨半跏坐于岩山之上，神情安祥，作说法度化相。普贤菩萨骑于白象之上，前后左右随从无数，眷属作乘云来迎状。上有飞天，下为大海，远山突兀，寺塔高耸，形成一大壮观。

　　隆兴寺佛像群的建成，特别是千手观音铜像的铸造，说明北宋佛像造作技术的先进，远非先代所能相匹。

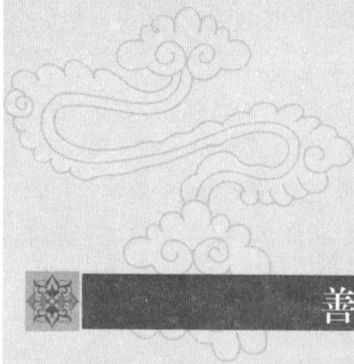

善化寺大殿建成

山西大同善化寺，始建于唐开元年间，名开元寺，五代时改名大普恩寺，辽、金之际多次修建，是一座继承唐代风格又表现辽式特点的佛殿建筑。

善化寺大殿建在矩形砖砌高台上，面阔七间，长约 40 米，进深五间（十椽），宽约 25 米，正面明间和左右稍间各开一门，其余用厚墙封闭，上覆单檐庑殿顶。台基前有宽五间的月台，殿的木构架和辽开泰九年（1020）建造的义县奉国寺大殿属同一类型，用近似厅堂结构形式的"十架椽，屋前四椽栿后乳栿用四柱"的作法，又在檐柱与内移金柱上用阑额、普柏枋、扶壁拱、柱头枋组成内外两圈矩形框架，近似于殿堂的槽，因此它是兼于厅堂与殿堂形式的木结构，明间补间铺作有两道 60° 斜出的华拱，都是辽代的特殊作法。

采用这种架构，使殿内形成前后两跨各深二间，宽五间的两个敞厅和从左、右、后三面围绕着深一间的回廊，前跨敞厅较矮，供礼佛用。后一跨较高，内砌五间通长的矩形佛坛，坛上并列五尊坐佛，并在明间主佛上部装斗八藻井，以突出主佛的崇高地位。两尽间沿山墙彻凹字形台座，上立护法倚天 24 身。大殿结构的造型和所形成的殿内空间同佛像布置及宗教活动方式密切结合，体现了辽朝佛殿建筑的重要特点。

善化寺大殿是现存中国古代木构建筑的精华，其结构的巧妙，空间利用的紧凑适宜，对佛殿宗教性特点的突出，在当时都是较为先进的。

安平桥建成

随着海外交通贸易的发展，南宋时期，泉州在洛阳桥的基础上，又兴建了许多大石桥。安平桥就是其中著名的一座。

安平桥位于今天的福建泉州安海镇西南，又被称为安海桥、五里桥、西桥。它是在绍兴八年（1138）开始动工建造的，绍兴二十二年，即公元1152年全部完工，历14年之久。安平桥跨越晋江、南安两县之间的海湾，全部用花岗石砌成，坚固无比，规模巨大。全桥长近五华里，远比洛阳桥工程浩大。安平桥桥头的刻石

安平桥

上有"天下无桥长此桥"的字样，证明当时最长的石桥就是安平桥。安平桥的宏伟规模，正反映了宋朝人高超的建筑技艺。

安平桥建成之后，对于交通贸易的发展起了很大的促进作用。

宋塔流行

宋朝是我国建造佛塔的盛期，这时期的佛塔已由木结构向砖石结构转变，平面形式和外观都更丰富多彩，以楼阁式为主的几种主要佛塔类型均已出现，而且几乎遍布全国，尤以中原黄河流域和南方为最多。

楼阁式佛塔是在佛教外来文化的影响下，采用中国古代传统建筑技术建造的高层建筑。起初多为木结构，固易毁于火灾，所以两宋以后砖石塔大量出现。两宋砖石塔按其结构和造型可以分为三种类型：第一种是塔身砖砌，外檐采用木结构，其外形同于楼阁式木塔，如苏州报恩寺塔和杭州六和塔等。报恩寺塔在苏州城北，又称北寺塔，建于南宋绍兴年间（1131~1162）。塔共9层，高71.85米，平面八角形，木檐外廊和底层副阶为清末重建，砖砌塔身是宋代遗构。六和塔在杭州钱塘江畔的月轮山腰，始建于宋开宝三年（970），绍兴二十六年（1156）重建，至隆兴元年（1163）建成，共7层，高59.89米，为平面八角的木檐砖塔。现存13层木构外檐为清末重建，砖心部分为宋代原构。两塔的砖心部分为外壁和塔心室，里外两圈，之间夹以回廊和楼梯的"套筒式"结构布置，加强了塔身的刚度。在800年前就有此高层砖结构出现，足以说明中国古代砖石技术的先进。第二种是全部砖造，但塔的外形完全模仿楼阁式木塔建造。如屋檐、平坐、柱额、斗拱等用专门制作的异形砖或石构件拼装而成，形象逼真，泉州开元寺双塔是此种塔的代表。双塔在开元寺大殿前东西两侧，东塔称镇国塔，高48米，西塔称仁寿塔，高44米。两塔平面皆为八角形，高五层，塔下施须弥座石刻莲瓣、力士、佛教故事等装饰。塔心作巨型石柱楼梯设在塔壁和石柱间。塔身全部用约一吨重的大石条砌成，在古代无特殊起重设备的条件下，建造这样高的石塔，

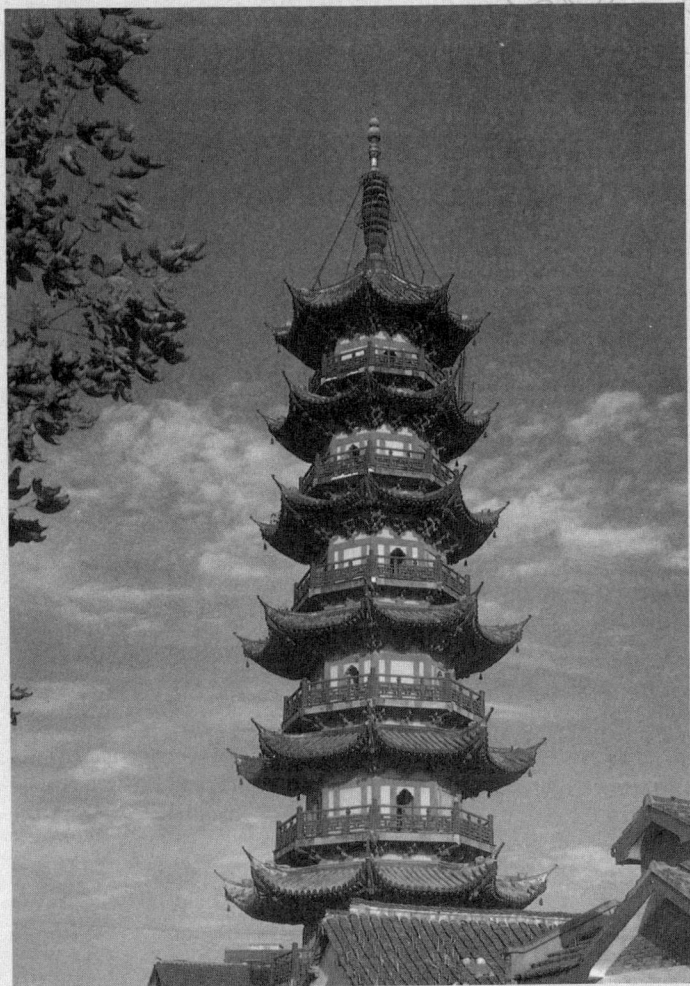

龙华寺塔

也可称为世界奇迹。第三种是用砖或石砌造模仿楼阁式木塔，并根据砖材料的特点，在构造上和外观装饰上作了适当的简化，如河北定州开元寺塔和河南开封祐国寺塔等。开元寺塔为11层八角形楼阁式砖塔，高84米多，是中国现存最高的砖塔，宋咸平四年（1001）开工，至和二年（1055）建成。砖塔只在底层作平坐、腰檐，以上各层用简单的砖叠涩挑出腰檐，檐下石作砖仿斗拱。塔壁与塔心之间作回廊，第四层以上各层阶梯在塔心作十字交叉。八角形塔身各层开4门，只在第二、第十及第十一层四面开窗，其余各层开假窗，这些都是加强砖塔刚性的措施。祐国寺塔建于宋皇祐元年（1049），是中国现存最早的琉璃砖塔，因使用深褐色琉璃砖，俗称"铁塔"。塔上所用构件如柱额、椽枋和斗拱、平坐等用28种型砖镶拼而成，装饰琉璃砖雕刻有飞天、降龙、麒麟等。

宋塔流行是佛教建筑在中国成熟的标志，而宋代砖塔精良的技术、多种多样的形式结构不仅丰富了中国式的佛教建筑艺术，同时也对朝鲜、日本、越南等国产生了不小的影响。

开元寺双塔建成

宋绍定元年至嘉熙元年（1228～1237），在泉州开元寺紫云大殿前，建成"仁寿塔"，嘉熙二年至淳祐十年（1238～1250）又建成"镇国塔"。

仁寿塔高约44米，镇国塔高约48米，两塔东西相对，全用石料，仿木构成八角五层楼阁式。塔基是须弥座，塔身是实心。有一层辟出一方洞，有梯子可上下，外面有回廊栏杆，可以绕塔周行，每一层分别开四门，设四龛。每一门龛都有浮雕佛像。塔壁浮雕有中国和印度僧人像，大小与真人差不多相等。龛内浮雕有佛、菩萨，龛两侧有武士、天王、金刚、罗汉等，神态各异，惟妙惟肖。仁寿塔须弥座的花鸟虫兽装饰图案，线条柔美细致，非常别致；镇国塔须弥座的三十九幅释迦牟尼故事浮雕，造型精美。开元寺双塔是南宋艺术的瑰宝。

福建泉州开元寺双塔

宋人在印度建中国式砖塔

宋代，天竺与中国的友好往来一直持续不断，印度的佛教对中国古代的文化思想曾产生长期的影响。

后来由于夏国的阻隔，经过西域的陆路交通不太方便，两国间的使臣、僧侣、商人的往来改由以海路为主。

这样，宋朝廷在泉州专门安置南毗商人长期居住，天竺各国也在各自的港口为中国舶商安排食宿，提供转往大食（阿拉伯国家）必备的小船。

沙里八丹（今印度泰米尔纳德邦纳加帕蒂南）为注辇国的重要港口，气候温暖，当地人沿海而居，专事珠货的转贩互易。只要是沿海风势不顺的时候，中国的舶商便多在此停靠。

宋咸淳三年（1267）八月，宋朝航海者依照中国传统修建了一座四方形四门砖塔，并勒石刻书。

这座塔为密檐式，装木质楼板用于登临。作为一座木结构砖塔，该塔具有典型的中国风格，与天竺本地的建筑形式完全不同，当地人将它看成是一座非常有趣味的建筑物，俗称中国塔。这座塔早已成了两国文化交流的象征。

辽独乐寺建筑群建成

中国的木构建筑起源很早，原始社会的简陋木房是其雏形。到宋代，木构建筑已发展到相当水平。当时与宋对峙的北方辽国，其建筑技术因师法中原，也出现了不少建筑杰作。辽统和二年（984），独乐寺建筑群的建成就是证明。

独乐寺建筑群，属于佛教寺院，在今天津市蓟县城内。在辽以前已有寺。

独乐寺观音阁

984年，官位显赫的辽国节度使韩匡嗣，建了独乐寺的山门和观音阁，并修整了原寺，使独乐寺发展成为建筑群。

寺南向，山门三间四架，采用殿堂分心斗底槽结构形式。两次间中柱间垒墙分为内外间，两外间各塑金刚像一座，两内间各绘二天王像，心间内柱间安双扇板门，空间利用紧凑得宜。内部彻上明造，朴实无华，以结构的逻辑性表现出艺术效果。

观音阁在门内中轴线上，下为低平台基，前出月台，面阔5间，20.23米，进深四间，14.26米。阁外观2层，但腰檐平座内部是一暗层，故结构实为3层，覆单檐九脊顶，通高23米余，柱子有侧脚和生起，它的整个外形轮廓稳重而又轻灵舒展。

山门和观音阁都是屋坡舒缓，出檐深远，斗拱雄大疏朗，保留有明显的唐代风格。阁内有内柱（金柱）一周，形成内、外槽相套的空间，内槽中心佛坛上立高达16米的彩

力士像

塑观音像，通贯3层，两侧各侍立一菩萨。内槽中空，直贯上下，各层向内挑出栏杆围绕大像。中层栏杆平面长方，上层六角，较小，大像头顶的天花组成八角攒尖藻井，更小，呈现出韵律的变化并增加了高度方向透视错觉。大像略前倾，以减少仰视的透视变形。上层较为开敞，使大像头胸部显得明亮，增加了崇高感。门和阁的距离适中，不过分远，以突出阁的高大；也不过分近，当立在山门内时，可以看到包括屋面在内的阁的完整形象。这些结构形式和处理方法，反映出中国古代建筑可以适应各种使用要求。

将观音阁和山门的规制与现存其他唐、宋建筑比较，可确认这两座建筑在中国现存古代木构建筑中建造时间是比较早的，包括它们在内的独乐寺建筑群，结构精妙，艺术超群，是中国古代建筑中的典范。其中观音阁还是现存最早的楼阁。

十一面观音像，高16米，是中国最大的观音泥塑像之一。

观音塑像

辽建兴城白塔

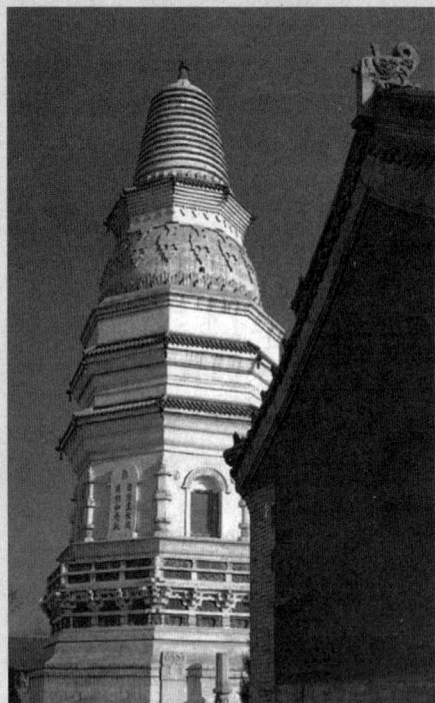

建于辽代的天津蓟县观音寿白塔，是辽塔中较为
少见的塔型。

辽道宗（耶律洪基）大安八年（1092）辽政府在兴城（今锦州）建起一座白塔，后来此地因此得名白塔峪。

白塔的形制为 8 角 13 层密檐式砖塔，共高 43 米。塔的下部为须弥座，座顶之上便是塔身，须弥座顶刻仰莲承托着第一层塔身。第一层塔身四面设有佛龛，里面分别塑有阿弥佗佛、无量寿佛、宝生佛和不空成就佛，其余四个侧面则全为雕砖碑。在第一层塔檐下有斗拱承托，构造奇巧。最奇处在于全塔镶嵌有数百面铜境，在阳光下，散射着耀眼光芒。整座塔结构玲珑，因而俗称作"玲珑塔"。

妙应寺白塔建成

　　至元八年（1271），由当时入仕中国的尼泊尔著名建筑师阿尼哥（1244～1306）参与设计，在大都城内阜成门创建了著名的喇嘛教建筑——大圣寿万安寺，作为文武百官演习礼仪、做佛寺的地方。寺内设有忽必烈及其子真金的影堂，并建造了一座砖砌喇嘛塔。后来寺院毁寺火，只剩下塔。明代重修改名为妙应寺，加上因塔外涂白灰，俗称"妙应寺白塔"。

妙应寺白塔

　　白塔初名为释迦舍利灵通之塔，建在妙应寺中轴线上，高 50.86 米，全部砖砌。大体由顶部相轮、中部塔身及下部基台组成。基台有三层，作亚字形，其上中部为须弥座；塔身呈平面圆形的覆体形，座落在比例硕大的覆莲和数层水平线道上（即环带形金刚圈），使塔由方形折角基座过渡到圆形塔身，显得自然而富有装饰美。塔身又叫"塔肚子"，实心（石心）砖表，表面原有宝珠、莲花的雕刻并垂挂珠网缨络，因年代久远，现在都已不存在。再往上是缩小的折角方形须弥座的塔颈子和 13 层实心相轮，相轮收分显著。塔顶是青铜制巨大宝盖及盖上的小铜塔，盖周垂挂流苏状的镂空铜片和铜铃，徐风吹来，叮当作响。全塔又座落在一个 T 字形的大台上，T 字的一竖向前，正面设踏步，上建小殿。除塔顶是金色外，全塔涂白灰，金白对比，在蓝天下相映交辉，颇为崇高圣洁。

　　妙应寺白塔与大圣寿万安寺（即后来的妙应寺）同时创建，是中国早期喇嘛塔中最重要的实例，也是内地保存至今最早、最宏伟的喇嘛式佛塔。它造型精巧，据称乃仿自军持（梵文音译，即贮水以备净手的净瓶）的形象，是佛教的吉祥物。

　　白塔比例匀称，气势雄伟，显示出元代建筑艺术的成就，与明清时修建的喇嘛塔有明显的差异，从而可以看出我国喇嘛塔形制历史演变的过程。1978 年维修该塔时曾在塔顶发现一批重要的佛教文物。

中国伊斯兰教鼎盛

元朝是中国伊斯兰教的鼎盛时期。穆斯林人口不断增加，社会地位也日益提高，他们为元朝的社会发展做出了空前的贡献。

成吉思汗及其子孙西征西亚与东欧，建立了横跨欧、亚的蒙古大帝国。此后中西交通畅达，穆斯林大批归降或被俘，随蒙古军东来参加征服和统一中国的战争，被称为"西域亲军"。其中阿拉伯人、波斯人和中亚各族人在忽必烈建立元朝统一中国后，与当地汉族、维吾尔族、蒙古族居民通婚，代代繁衍，逐渐形成一个新的民族——回族。与此同时，西域的穆斯林商人、

花剌子模国人努冉萨墓碑，用辉绿岩石琢成，上有用阿拉伯文镌刻的碑文。

伊本·奥贝德拉墓碑，用花岗岩石琢成，阴刻阿拉伯文，另有汉字"蕃客墓"3字。

《番王礼佛图》卷。全图用白描法，笔法工细。人物情态生动，衣纹流畅。海水、佛光等具有装饰意味。

学者、传教士、达官贵人、旅行者等纷纷来中国定居，与当地人通婚，形成回族的另一个重要来源。

元代将伊斯兰教徒称为"木速蛮"，又称"答失蛮"，世俗往往称为"回回"，其教名或称真教、清教，或称回教。中央设"哈的"，即回教法官，掌管教内律法的执行，并负责为国祈福。该制曾几置几罢，反映了国家与教会在执法上的权力之争，也说明伊斯兰教的势力已相当强大。至大二年，宣政院奏免僧、道、也里可温、答失蛮租税，其时伊斯兰教已由沿海外国小教发展成为由政府正式承认的中国合法大教，可与佛、道、儒及基督教并列，足可见其规模和影响之大。

元朝穆斯林的状况与唐宋相比有了明显的不同。第一，他们多数不再自视为外国侨民，大都以中国为家，娶妻生子，置产业，变成了中国人。第二，他们的分布不再局限于东南的沿海通商口岸，而是遍布全国，形成"大分散小集中"的居住特点。第三，他们的社会地位较高，因为他们在帮助元朝统一中国的事业中立过汗马功劳，其政治和社会地位仅次于蒙古贵族。此外，元代穆斯林人口之多也是唐宋不能比的。尽管元代忽必烈有过迫害穆斯林教徒的举措，但总体上说来蒙古贵族还是保护伊斯兰教的，多数情况下穆斯林颇受政府尊重。政府修葺或重修的著名清真寺有泉州清真寺、广州怀圣寺、杭州真教寺、昆明礼拜寺两所、哈剌和林礼拜寺两所等。中央一级设回回国

子监学，奖励伊斯兰学问；设回回司天监，掌观象衍历；设太医院广惠司，掌修制御用回回药物及和剂，治疗诸宿卫士及在京孤零者。此外还设回回炮手军匠上万户府，负责造炮，管理造炮工匠。

元代的穆斯林对中国的政治、经济、文化做出了重大贡献，涌现出了一大批第一流的优秀人才。在政治方面，有许多伊斯兰功臣显宦，如泉州人蒲寿庚，助元灭亡南宋有功，官至右丞，子皆高官。扎八儿，助成吉思汗破金中都，封凉国公。还有赛典赤曾，率千骑从成吉思汗西征，太宗宪宗之世拔为高官，元世祖之时，拜中书平章政事，陕西五路西蜀四川行中书省、云南中书行省平章政事，为中央所倚重。在经济方面，穆斯林在中西商业交往中发挥重要作用，俗称"富贵回回"，因其多为富商。在文化方面，出现了一批著名的学者、艺术家、专门人才。大学者赡思，学通五经，著述甚丰。大诗人丁鹤年，擅长诗文，对算数、方药亦有研究。诗人萨都剌博学能文，尤以山水诗见功力。以上情况表明，回族在形成之初，即具有了高度的中原文化素质，同时也保留了西域文化的某些特点。在他们身上体现着中西文化的融合。

元代，新疆的三大宗教——伊斯兰教、基督教、佛教都得到一定程度的发展，同时各教之间互相来往，互相渗透，气氛比较平和宽松。自由传教的结果，是伊斯兰教发展最快，到16世纪时，新疆全境除北部瓦剌蒙古信奉喇嘛教以外，全部改信伊斯兰教。

广胜寺建成

元代实行宗教信仰平等的政策，使各种宗教教派兼容并存，也使各种宗教建筑得到了很大的发展。许多规模宏大的寺院占有大量的田产，并经营邸店、货栈、商业、贸易。大都的普庆寺甚至有8万亩良田，400间邸店，寺院经济发展十分迅猛。元代皇室也花费了大量的人力物力建造了众多规模浩大、建筑精致的佛寺。据统计，当时国内各地建造的寺院共有24318所，僧尼213000多人，其中著名的有大都的大天寿万宁寺、大圣寿万安寺、庆寿寺、崇国寺、元上都的乾元寺、华严寺等。

元代建成或重建的佛寺有的在战争中被毁坏，有的在明清时又经过了改建，所以完整地保存到现在的已为数不多。建在山西省洪洞县的广胜寺是至今保存较完整的元代佛教建筑的重要代表。

广胜寺位于洪洞县东北17公里处的霍山山下，山脚是霍泉的源头，这里风景优美，泉水清澈见底，四周古树繁茂，使人流连忘返。

广胜寺包括上寺、下寺两部分。上寺位于山顶，山门、飞虹塔、前殿、大殿及毗卢殿均沿轴线布置。中轴线因地形的限制不是直线，而在前殿内有一处不易被察觉的中间转折处，这吸取了中国古代

广胜寺明应王殿壁画《后宫奉食》。画面人物神情皆备，发髻、衣饰仍沿袭宋代风格。

大型建筑群布局中常用的手法，构思非常巧妙。上寺各殿的柱网布置和木构架体系设计非常巧妙经济，如前殿面阔4间，进深4间，单檐歇山顶，殿中前后只有四根金柱，并向左右推移，立在次间的中线上，省去了8根金柱，使内部空间更加高敞空阔。上部的梁架前后檐和两山面均采用了斜梁，表现出建筑者大胆创新的精神。广胜寺的下寺按地形座落在山脚处的坡地上。下寺分为前后两个院落，山门设计独特别致，富有趣味。屋顶为歇山式，檐下施五铺作斗拱，檐柱细而高，在

山西广胜寺明应王殿壁画（下棋图，部分）。从棋盘的格式看是中国的象棋。

前后檐还加建了"垂花雨搭"，正面像是重檐。正殿面阔7间，进深4间，于至大二年（1309）重建。殿内的柱网布置和木构架体系与上寺各殿有许多地方相似，也采用了减柱移柱作法，节省了6根金柱。上部梁架置在长11.5米左右的横向大内额上，梁架也是运用斜梁的做法来制作。这种斜梁构架形式是广胜寺各殿建筑中最突出的特色之一。

广胜寺于大德七年（1303）重建，明清时期曾进行修整，但基本保留着元代的布局。寺中保存了多座结构精巧奇特的木构架殿宇，是国内独一无二的。下寺殿内还保存有塑工精细的佛像、菩萨5尊。虽经后世多次的修装施彩，仍保存着原有的神韵，有着宋代雕塑的遗风，是元代泥塑中的精品。著名的金代平水刻印版《赵城藏》原来也保存于寺中，在海内外享有盛名。此外，广胜寺殿中四壁原绘有精妙的壁画，后被外国侵略者掠走。

元代道教建筑中的典型代表——永乐宫建成

　　元代对道教十分尊奉。全真派道士丘处机往中亚晋见成吉思汗，宣传教义及为政之道，深得成吉思汗欢悦，给予道教免赋役的特权，自此道教势力大盛。忽必烈时虽曾一度受到排斥，但自此之后直到元末，道教与其他宗教一样受尊奉。元代道观祠庙建造很多，元大都的东岳庙、河北曲阳北岳庙德宁殿和山西洪洞水神庙都是元代著名道教建筑。其中位于山西省永济县的永乐宫就是元代道教建筑中的典型代表。

　　永乐宫是元代道教全真教的三大宫观之一，原位于黄河边的永乐镇。传说八仙之一的吕洞宾就在这里出生，山川非常秀丽。永乐宫的建造前后共用了110年的时间，从定宗二年（1247）修建大纯阳万寿宫，后来改称永乐宫，然后逐步建成各主体殿堂，到至正十八年（1358）完成各殿中的壁画为止，差不多经历了整个元代。

　　永乐宫建筑规模十分浩大，原来在永乐宫周围还建有许多祠庙，但现在只剩下了永乐宫一处。永乐宫沿中轴线依次布置宫门、龙虎殿、三清殿、纯阳殿、重阳殿5座殿堂，除宫门是经清代改建外，其余4座殿堂均保持着元代时的建筑风貌，组成了一组雄伟、浩大的道教建筑群。

永乐宫三清殿藻井

　　永乐宫中的三清殿建筑最为宏伟壮丽，殿中奉祀三清神像，面阔7间，进深4间，长28.44米，宽15.28米，殿中四壁绘制着巨型壁画"朝元图"。殿中为扩大空间采用了减柱法建造，仅后部设有8根金柱，其余均省去不用。用黄

蓝琉璃制作的层脊上两只高达3米的龙吻，造型生动，非常引人注目。无极门又称龙虎殿，原为永乐宫的宫门，后部明间台阶退入台基内呈纳陛形制，造型非常罕见。纯阳殿又名混成殿，内有吕洞宾像，故又称吕祖殿。最

永乐宫三清殿立面图

后是纪念全真教祖师王重阳和他的弟子的重阳殿，也称为七真殿。纯阳殿和重阳殿壁面均分别绘制吕纯阳、王重阳的生平故事的壁画。

　　永乐宫的四座元代建筑在建筑上和艺术上均取得了巨大成就。其一是它在总体布局上突破了中国古代建筑的廊院式结构，在同一条轴线上布置殿堂，使空间关系主次分明。其二是它采用了减柱法等一系列革新手法，扩大了建筑空间，对明清的建筑技术产生了重大的影响。三是它的殿中保存了大量元代彩画，彩画的构图和色彩运用均有许多创新。四是各殿中共有960多平方米的巨幅壁画，题材多样，色彩绚丽，在建筑史、绘画史中都极为罕见。尤其是三清殿中的"朝元图"壁画，泰定二年（1325）由马君祥等人绘制而成，描绘了诸神朝拜元始天尊的故事，以8个帝后主像为中心，周围有金童、玉女、星宿力士等共286尊，场面开阔，气势恢宏。这些壁画都成为我国古代壁画中的精典佳作。

蓬莱水城建成

洪武九年（1376），备倭城——蓬莱水城建成。

明代沿海各省经常受到海上倭寇骚扰，特别是自明中叶后，这种情形加剧，甚至侵入内地，烧杀抢掠。所以自明初以来，就在沿海要冲设置防御据点，这些海防建筑体系分为卫、所、堡、寨等，山东蓬莱水城就是其中的典型，可以从中看出明代海防据点的形制和特点。

蓬莱水城又称备倭城，北面临海，南接府城，背山控海，地势险要，是明代典型的海防要塞。明洪武九年（1376），登州升格为府，并修筑水城，立水军帅府于此，经历代多次修建，成为停泊战舰、驻扎水师军队、出海巡哨的军事要塞。

蓬莱水城由两大部分组成，一是以小海为中心，包括水门、防波堤、平浪台及灯楼等海港建筑；二是以水城为主体，包括炮台、敌台及水闸等军事防御设施。水城依地势环绕小海而筑，呈不规则长方形，周长约2200米。城墙为土筑，后以砖石包砌。城墙的高度依地势相差较大，西、北地处山崖，城墙较低矮；东南是平地，城墙比较高峻，平均约7米，墙原在8～10米间，墙顶做女儿墙雉堞。整个城墙设2个门，北为水门，又称关门口，与大海相通，东西有高大门垛与城墙相接，底宽9.4米，深入水下达11米多，全部用砖石筑，坚固异常；南

蓬莱水城入口水门

是通向州城的城门，上建城楼。在北西东3面城墙均建有敌台，伸出城外5.5米，高与城齐。炮台有2座，分别设于水门的东北、西北方向，东炮台高过城墙2.5米，西炮台建在山崖上，两座炮台与水门呈犄角之势，控制出进海路，构成严密防御体系。小海为水城内的主体部分，居城正中，呈南北狭长

蓬莱水城

形状，面积达70000平方米，是停泊船舰、操练水师的场所。小海的北面转折向东，形成一个东西长100米、南北宽50米的不直接与海相连的迂回缓冲地段，最后北折入海。正对水门设立缓冲地段南岸的平浪台，与东城墙相接，全部以块石包砌成，台上是水师驻地。自水门外沿东城墙向北延伸，构成防波堤，全由块石堆积而成，形成一道屏障。小海北端的迂回缓冲地段、平浪台、防波堤的规划布局有很高的科学性。海浪经过防波堤努力会有所减弱，再经过平浪台的回旋转折，风浪减缓，水门外自然是海浪汹涌，但小海内却风平浪静，小海深度在退潮时亦能保持3米以上，船舰无须候潮，可任意出入。

蓬莱水城在港址的选择、港湾的规划布局、军事防御设施配置及许多建筑工程技术上，无不表现出明代工匠的高超技艺和设计规划的科学性。无论作为军事战略要地，还是一般的海港，它在我国海港建设史上都具重要的地位。

诸寺设立

明骑马队俑

明太祖为加强对马政、祭祀、宴劳、朝会等事的管理，于洪武三十年（1397）分别设立行太仆寺、太常寺、光禄寺、鸿胪寺等。

朱元璋考虑到西北边卫畜马业很发达，而防务却不甚严密，于是于洪武三十年（1397）正月十四日下令在山西、北平、陕西、甘肃、辽东设置行太仆寺，以管理马政。

行太仆寺设少卿及丞，择致仕指挥、千户、百户充任。

正月二十六日改太常司为太常寺，官制仍旧。太常负责祭祀礼乐之事，总其官属，籍其政令，以听于礼部。凡天神、地祇、人鬼、岁祭有常。

同日，将原光禄司改成光禄寺。官制仍旧。光禄寺卿负责祭享、宴劳、酒礼、膳馐之事，率少卿，夺丞属官，辨名数，会出入，量其丰约，以听于礼部。

鸿胪寺也是朱元璋于该日改仪礼司而立。升秩正四品，设官62员：卿一员（正四品），少卿2员（从五品），丞2员（从六品），主薄1员（从八品）；属官司宾署丞1员（正九品）、司仪署丞1员（正九品），鸣赞四员（从九品）、序班50员（从九品）。鸿胪负责朝会、宾客、吉凶仪礼之事。

明掐丝珐琅梅瓶

诸寺的设立，强化了对礼仪、祭祀等方面的管理和控制，也进一步完善了明朝的官制。

明孝陵成

明孝陵是明朝开国皇帝朱元璋的陵墓，座落在南京东郊紫金山南麓独龙阜玩珠峰下，洪武十四年（1381）开始营建，洪武十六年建成，朱元璋死后葬于此。

明朝建国后，提倡儒学"厚葬以明孝"、"事死如生"的封建伦理思想，尊崇礼治，重视传统。朱元璋开国不久，就派官员走访和审视了历代帝王陵墓规划布局，继承发展历代的帝陵制度，并作大胆的变革和创新，朱元璋亲自裁定了整个陵区的规划和单体建筑的形式，并于1381年下令破土动工，经三年而成。

明孝陵由前后两部分组成，前为神道部分，后为陵园主体部分。神道部分全长1800米，自下马坊起至享殿门前的御河桥止，依据地形，曲折迂回，布置巧妙，在神道的前端增建了平面为方形、体形高大的神功圣德碑楼，以高大和端庄严谨的造型，给人以崇高庄重的感受。楼北愈桥神道转折，平冈广阔，石象生对峙道旁，有狮、獬豸、骆驼、象、麒麟、飞马等6种12对，

明孝陵石雕

明孝陵石像生

1立1跪，逶迤1里多，这些石像生列于神道两侧，既渲染了陵墓的神秘崇圣，增加了陵墓建筑的空间层次，又可作为区别陵墓等级的标志。

陵园的主体部分，采用严格对称的纵轴形制，与前半部分依山势迂回之法正相反。前后共分为3进院落，孝陵的前院，正门原名"文武方门"，院内两侧是供祭祀时使用的神厨和神库，前院和中院有享门相通，中院后部中央建有面阔9间、进深5间的恩殿。殿前两侧有东西廊庑，布局严谨，形若宫殿，是举行祭祀活动的地方。后院为方城明楼及宝顶。恩殿和方城明楼相结合，构成了陵墓建筑的主体，如同宫殿和庙宇中的前朝后寝，突出了陵体的主体部分，并取代宋陵方形陵台和土城，提高了陵墓建筑的艺术性。

明孝陵

明孝陵的规划布局和陵墓建筑，既承袭了历代帝陵的传统，又做了大胆的变革和创新。如陵墓由方形改为圆形，称宝顶；取消寝宫、扩大祭殿规模，陵园围墙由方形改为纵深3进院落形制，创以方城明楼为主体，祭殿为先导的宫殿式陵园形式；石象生群种类和数量的调整等。这些与历代不同的重大革新，成为十三陵的蓝本，引发帝陵建筑的高潮，也促进了建筑业的突破和发展。

明孝陵神道旁的石像生

设立翰林院

明朝翰林院于明初设立，开始只具备皇帝咨询顾问的智囊团性质，与前代的文人学士馆相似。但朱元璋设翰林院除备顾问外，还提高了其政治职能，且随着经筵日讲这一宫廷教育制度的建立和完备，翰林院学士的职掌范围日益扩大。到成祖朱棣时，内阁制度形成，翰林院终成国家储才重地，并建有一套特殊的教育制度，以培养能担任国家重任的高级官僚。

入翰林院者是每次会试进士通过殿试之后录取的 20 人，其中，除个别授编修一类官职外，均称庶吉士。庶吉士一般在翰林院学习 3 年，并从事修史、著作、图书校勘等部分文字工作。庶吉士明初设置时，分设于六科，练习办事，后专属翰林院。政府负担他们衣、食、住、行的一切开销，因而他们的学习无后顾之忧。且国家最大的藏书机构文渊阁也供翰林院教学之用，庶吉士的学习条件很好。其教学内容主要是道德政治学和诗文记诵之学。他们跟从学士学习，也可据各自兴趣和专业特长，自学自修。翰林院颇具浓厚的学习气氛，且学习与研究紧密结合。

庶吉士不仅接受教育，也从事教育研究和经筵日讲的教育实践。如东宫讲学，随时备问于皇帝，参与撰写经筵日讲讲章，讨论古今治国方略及时务等。此外，他们还担负科举考试出题判卷、考会试、考两京乡试、考武举、考保举诸科等。庶吉士 3 年学习期满后，通过考试，成绩优等者中，原为二甲进士的授编修，原为三甲进士的授检讨，留任翰林院正式职官；成绩次等者，改任各部主事或知县。但因有翰林院资历，日后均有希望入内阁。

翰林院教育，除了庶吉士外，还由地方选举神童到翰林院进行特殊培养，学成可直接量才授官，亦可参加科举考试。神童教育曾造就了一批人才。

自英宗天顺二年（1458）以后，"非进士不入翰林，非翰林不入内阁"。南北礼部尚书、侍郎及吏部右侍郎等非翰林不可。明一代宰辅 70 余人，十之八九出身翰林，翰林之盛，非前代可比。但自正统以后，翰林院教育日渐走向空洞无用，与实政实学颇少联系。

最大最完整的帝王宫殿故宫完成

永乐五年（1407）至十八年（1420）建成故宫，历时 14 年。

明故宫是在元大都宫殿基础上，依照明南京宫殿的格局规划建造的，当时集中了全国的优秀匠师，动用了 30 多万士兵和民工。

明故宫南北长 960 米，东西宽 750 米，周长 3420 米，周围筑有高 10 余米的城墙，墙外环以宽 52 米的护城河。故宫有 4 门，正南名午门，正北名玄武门（清改名神武门），东名东华门，西名西华门。城墙四角矗立结构精巧、形制华丽的角楼各 1 座。故宫占地 72 万平方米，房屋 9000 余间，建筑面积 15 万平方米，多层砖木结构。整个建筑群按中轴线对称布局，层次分明，主体突出。全部建筑可分外朝、内廷两大部分。外朝以奉天（后改称持极殿，清代改称太和殿）、华盖（后改称中极殿，清改称中和殿）、谨身（后改称建极殿，清改称保和殿）三大殿为中心，文华、武英殿为两翼，是皇帝举行各种典礼和从事政治活动的场所。内廷以乾清宫、交泰殿、坤宁宫为主体，以及养心殿、宫后园、外东路、外西路等，是皇帝处理日常政务和居住之处。

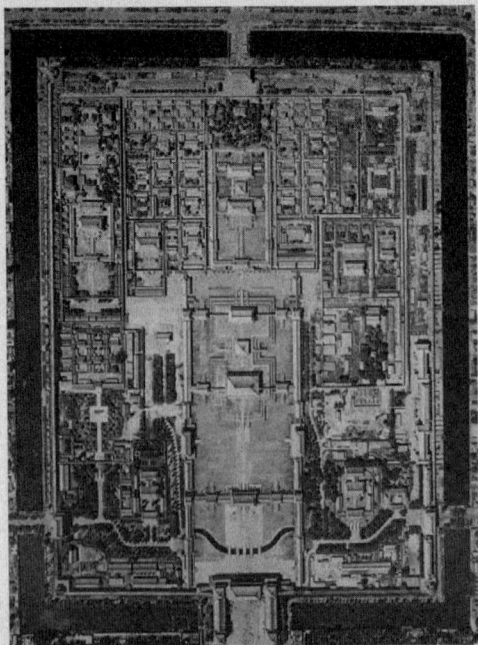

故宫平面图

午门，紫禁城正门，上有崇楼5座，以游廊相连，两翼前伸，形如雁翅，俗称五凤楼。楼内设有宝座，东西两侧设有钟鼓，每逢朝会或庆典，均在此鸣钟击鼓，战争凯旋，皇帝亲临午门，举行盛大的受俘礼仪。午门以外是一条石板御路，称天街，可通

故宫鸟瞰

承天门（清改称天安门）和端门。御路两侧廊庑整齐划一。进入午门，庭院宽阔，在弓形的内金水河上，横跨5座雕栏白石桥，庭院正北即皇极门（太和门），为明代皇帝御门听政处。由午门至皇极门，形成外朝建筑的前奏。

三大殿，即奉天殿、华盖殿、谨身殿。位于皇极门内。奉天殿，是中国封建社会最高等级的建筑。它建于高8米的3层白石台基上，面宽63.96米，进深37.17米，高27米，殿内面积2377平方米，上盖重檐庑殿顶。殿内蟠龙衔珠藻井高悬正中，6根缠龙贴金柱分别左右，皇帝宝座置于中央一座雕镂精美的高台上，座后有九龙屏风相护。奉天殿是皇权的象征，御路、栏杆和殿内彩画图案，均以龙凤为题材。皇帝的即位、大婚、册立皇后、命将出征，以及每年元旦、冬至、万寿三大节等重大典礼，均在此殿举行，皇帝在这里接受文武官员的朝贺。华盖殿是皇帝举行典礼前小憩之所，平面呈正方形，四角攒尖顶，上盖黄琉璃瓦，正中鎏金宝顶。谨身殿是皇帝赐宴和科举殿试之所，平面呈方形，四角攒尖顶，上盖黄琉璃筒瓦，每年除夕和元宵节，皇帝在此大宴王公大臣。三大殿前还陈设有香炉、日晷、嘉量、铜龟、祥鹤等，借以衬托皇权的尊贵和至高无上。

后三宫，即乾清宫、交泰殿、坤宁宫。乾清宫，在谨身殿后，是内廷的最前殿，即内廷正殿。正门曰乾清门，两侧有八字形琉璃影壁，和外朝高大的宫殿相比，内廷宫殿显得精巧别致。为皇帝居住和处理日常政务之所。每逢元旦、元宵节、

端午、中秋、重阳、冬至、除夕和万寿等节日，皇帝均在此举行内朝礼和赐宴。交泰殿，在乾清宫和坤宁宫之间。平面呈方形，黄琉璃瓦四角攒尖顶。

东西六宫和东西五所，属于从属地位，陪衬在内廷两侧，其布局和空间形象没有中轴线上的宫殿那么起伏跌宕，而以相同的空间和处理手法重复建造构成大片的整体效果。每宫平面略成方形，前后两殿大多为五开间单檐歇山顶建筑，与两侧配殿将宫分成两个院落，犹如扩大的四合院住宅，前后三宫重复，左右两宫并列。东西五所位在东西六宫之后，也类似六宫布局，只是规模略小而已。

宫后苑（清改称御花园），在坤宁宫北，为中轴线最末端。占地11700平方米，有建筑20余处。正中的钦安殿，为祭祀玄天上帝之所。以钦安殿为中心，园林建筑采用主次相辅、左右对称的格局，以布局紧凑、古典富丽取胜。殿东北的堆秀山，为太湖石叠砌而成，上筑御景亭，每年重阳节帝后在此登高。园内古树交柯，花木锦簇，园路用五彩石子拼成各种图案，清幽宁静。

为了满足帝后们奢侈生活的需要，还建有看戏的戏楼，供神拜佛的佛殿等各类建筑，穿插于内廷宫殿之间。

故宫宫殿建筑附会古制，师承必有来历的设计思想最为突出。例如宫殿在都城中的位置，附会匠人营国的规定；宫门之上建城楼，城隅有角楼，大

紫禁城后三宫全景

体上附会古代传说的三城门隅制度；宫城内重要的建筑也多是依据古代礼仪传说而设置的。这不仅是形式上的模仿，而且同使用功能相结合，给以美的艺术加工，三者紧密而又有机地结合在一起。古制外朝有天子五门三朝，还有天子九门之说。宫殿深邃门自然也多。明故宫宫殿的中轴线上，共有 8 个广庭，5 座南向的宫门。这 5 门不完全与古代传说的皋、库、雉、应、陆一一对应。只是其中的午门和乾清门与传说中雉门、陆门的形制和地位有些相似。明故宫内的金水河，是按照"帝王阙内置金水河，表天河银汉之义也，自周有之"的古代传说而设置的。河水从金方（西方）来，至巽方（东南方）出，流经半个紫禁城。

这条按古制设置而且规定流向的河，具有多方面的功能，它不仅是宫城内最大的水源，救火及建筑工程施工都用金水河的水；而且又是宫城内最大的排水渠，全部南北及东西方向的下水道口都设在河帮上；同时它又给宫城景观增添了风采。金水河要流过外朝 3 座宫殿，重点是在横穿皇极门广庭部分。为显示河的特点，不用直线而采用曲线，为与规整的环境谐调，不用自然变化的曲线，而用几条对称的弧线。河正中设 5 座桥，桥的前端随河的弯曲不在一条直线上。中间的桥为皇帝通行专用，突出在前，两侧为文武官员设置的，依次退后。皇帝通行桥的石栏杆望柱头雕龙云纹，官员通行桥的栏杆望柱头雕 24 气。河中部宽，两端渐窄，由于两端要穿过东西朝房的地下，这样利于施工，也显得有变化。武英殿门前金水河 处理形式与皇极门前不同，因为武英殿等级低于奉天殿，故仅建 3 座桥。金水河流近文华殿时，转向北流经文华殿西侧，从文渊阁前地下穿过，然后在东三座门前再现。它一路有直有曲，往复返环，有时地上，有时地下，河面上架设多座桥梁，具有丰富的艺术效果。

明故宫设计的指导思想，就是要突出表现帝王至高无上的绝对权威，达到巩固王权统治的目的。从宫殿建筑的总体布局到个体建筑设计，以各种手段创造出的艺术形象，都是为了体现这个指导思想。为了表示威严壮观的气势，其主要建筑都严格地布置在中轴线上，而整座宫殿又是以三大殿为中心来组织各种建筑，因此三大殿占据了宫殿的最主要的空间，庭院占地也最为广阔，并在其前部布置一系列大小形状不同的庭院和门阙作为前导，步步深化，有力地渲染出奉天殿的主导地位。在建筑的具体处理上，依据诸宫殿建筑的不同功能和地位，采取不同的规模、屋顶形式，以及不同的装饰手法来表现建筑的等级差别，使建筑打上明显的等级烙印。

明故宫宫殿建筑在总体布局上，是继承了历代积累下来的经验进一步发展形成的。从中岳庙碑、后土祠碑以及山西岩山寺壁画中所表现的金代宫殿和《辍耕录》中记述的元代宫殿看出，它们之间的承袭关系，在布局上有许多相似之处。如奉天殿周围采用廊庑环绕，大殿两侧原有斜廊相连，与上述几处宫殿形制相同。这种利用低矮的廊庑映衬高大的主体建筑，形成主次分明关系，是中国古代建筑常用的手法。至于明故宫在空间组织上，自大明门起至坤宁宫止在中轴线上布置了8个庭院。各个庭院的艺术处理也不同，形成了纵横交错、高低起伏、有前序有主体的空间序列，引人入胜。大明门与承天门之间以千步廊围成纵深庭院，至承天门前向两侧延伸为横向广场。通过空间的变化及门前的石桥、华表和石狮等突出承天门的威严庄重的艺术形象，承天门至午门间以端门前的横向庭院与午门前的纵深空间形成对比，衬托出宫城的主导地位。皇权门前的庭院犹如前三殿的前奏曲，至乾清门前横向庭院使人们处在空间变化的不断转换之中，并表明自外朝进到内廷的另一性质的空间。前三殿与后三宫两组建筑群所在庭院的长宽恰好是2比1，建筑规模也有体量的差别，这种处理既加强了二者之间的统一，又显示了外朝与内廷的主从地位。在空间环境上形成了完整的艺术体系。

从形成明故宫建筑群的统一完美艺术形象看，建筑装修、装饰及建筑小品的位置都起到了很大的作用。为了表现主体建筑雄伟壮观，门殿建筑都坐落在台基上，台基的前后正中台阶随坡设置显示帝后尊严的御路石雕。由于等级的差别，这些台基的用料和做法也不相同，一般宫殿的台基仅用砖砌，上铺阶条石，多不设栏杆，中轴线上的皇极门、乾清门等建筑以汉白玉石须弥座台基相承，上部围以栏杆，望柱雕有龙凤纹。而三大殿的台基做法最为特殊，由三层须弥座重叠组成，每层栏杆望柱雕有云龙，下面伸出螭首，全部用白色汉白玉石雕成，天晴日朗，光影效果突出，产生强烈的艺术感染力。檐下彩画亦有严格的等级，主体宫殿均用和玺彩画，枋心绘有龙凤图案，大量施用贴金，使殿堂富丽堂皇。次要门殿及庑房多绘以不同等级的旋子彩画，而花园中的亭廊楼阁则用苏式彩画，大片的青绿色调把檐下的斗拱、额枋、枋椽联成一体，更显得黄琉璃出檐深远飘逸。主要宫殿门窗格心多用菱花图案，裙板、槛框大量使用鎏金团龙和翻草岔角。而一般宫殿多用风门及支摘窗，窗格纹样，制作精丽，多彩多姿。宫殿内部除运用绚丽的彩画装饰外，还大量装饰雕镂精巧的内檐装修来分隔室内空间，一些主要殿堂内天花中部多作藻井，采用浑金雕龙图案，尤以奉天殿内金漆蟠龙吊珠藻井最为华丽。殿内在7层台阶的高台上中央安放宝座，背后围以雕龙金屏风，左右置香几、香炉等陈设，宝座周围6根巨柱均饰沥粉贴金缠龙，组成一个特有的神圣庄严的空间环境。内廷各宫室，随生活起居要求，室内用隔扇门、炕罩、板壁等隔成较封闭的空间，或用各种花罩、落地罩等隔成彼此通透的空间，隔而不断，互相因借。装饰方面还注重借助题名匾联、多姿的陈设来增强建筑的华贵气氛和幽雅的室内环境。

明故宫是我国现存最大、最完整的帝王宫阙，也是世界上最著名的古代建筑群。其建筑与都城规划紧密结合，在总体布局和空间组织方面，统一中求变化，体现了中国明代建筑艺术的辉煌成就。

明故宫在清代得到扩建重修。

社稷坛开建

社稷是古代帝王、诸侯所祭祀的五土之神和五谷之神的合称，社稷祭祀是一种原始性祭礼活动，在我国很早就出现，社稷制度则成为历代统治者维护统治的一种工具。

明成祖朱棣沿用南京社稷合为一坛的制度，按"左祖右社"的原则，于永乐十八年（1420）建北京社稷坛，布置在宫城前的西侧，与东侧的太庙对称。其规模比太庙还大，占地23万平方米。外庭遍种古柏，主体建筑在垣墙之内，垣墙的长宽正好与太庙的第三道围墙相同，可见修建社稷和太庙有着统一的规划。祭祀社稷由北朝南设祭，总体形制与太庙正相反，戟门设于北部，由北向南顺次展开拜殿、享殿、社稷坛，神厨神库等附属建于垣墙外。社稷坛位于垣墙所围区域的几何中心，为方形由3层汉白玉大理石砌成，上层每面宽16米，高约1米。坛面按五行方位覆五色土，即按东、南、西、北、中五方位覆青、红、白、黑、黄五色土，寓意"普天之下莫非王土"。坛四周围以围墙，每面墙正中建白石棂星门，墙内壁及墙顶均按四方土色镶砌不同颜色的琉璃砖。坛中央原立有方形石柱，名"社主石"，亦称"江山石"，象征江山永恒。北棂星门外沿中

五色土方坛

社稷坛

轴线设享殿、拜殿。享殿是北京宫殿坛庙中最早的建筑，整座建筑比例恰当，造型庄重。殿内不用天花，构架露明，结构简洁严谨。

　　明代，除在京城北京建社稷坛外，分封的藩王和各州县亦建社稷坛，藩王在其王城所建社稷坛，规模比京城的小一半，并按其与京都的方位定一色复土，只祭祀所在王国的地方社稷神。各州县之社稷坛仅高3尺，方2尺5寸，仅是一个长不到1米的方形土台而已。

太庙开建

太庙是帝王的祖庙，是皇帝祭祀祖先的地方，也是都城规划建设中不可或缺的组成部分，并沿袭唐制。

明永乐十八年（1420），成祖朱棣参照南京太庙而建北京太庙，按九五之尊的数值定为一庙九室，占地共约16.5万平方米，为南北向规整的长方形。主要建筑物沿中轴线自南而北纵深布置戟门、正殿、寝殿、祧庙，严谨对称，层层深入。

太庙正殿

太庙围墙共有 3 重，层层环绕，红色墙身，黄琉璃瓦墙顶。自西门进入第一重庭院，其南部最阔，遍植成行列的苍劲古柏，翠阴蔽日，造就肃穆幽深的环境气氛。庭院南部有宰牲亭、治牲房等辅助建筑。第二道围墙东西宽 205.1 米，南北长 269.5 米，与社稷坛垣墙相同。南墙中部有

太庙大殿

一组琉璃门，正中 3 道券门，仿琉璃牌楼形制，突出墙外，下有汉白玉大理石须弥座，上覆黄琉璃瓦檐和装饰，比例合宜、色彩明快、造型优美。自琉璃墙门进入为第二重庭院。环绕着主体建筑，金水河从庭院南部穿过，河上架 7 座石桥，河北岸两边各建一井亭，与神库神厨组合为一体。第三道围墙东西宽 113.2 米，南北长 204.5 米，恰为九五之比值，且第二道围墙宽度比亦是九五之数。南部正中设戟门，门外列 120 杆戟为仪仗，门为单檐庑殿顶，5 开间启 3 门，梁架简洁明确，屋顶举折平缓，出檐较大。进入戟门正面为壮丽的正殿，为太庙主建筑，即皇帝祭祖行礼之处，共有 9 间，重檐庑殿顶，属于最高级的建筑形式。每年末大祭时，将寝殿供奉的木主，移至正殿的龙椅上，行"祫祭"。正殿内柱、枋均包嵌沉香木，内壁以沉香木粉涂饰。大殿建于 3 层汉白玉石台基上，石栏环绕，非常壮丽雄伟，正殿两侧东西庑房各 15 间，通脊联檐。正殿之后为寝殿，单檐庑殿顶，面阔 9 间，内分 9 室，供奉皇帝祖先木主。后即祧庙，以一道红墙与寝殿隔开，供奉皇帝远祖。

太庙建筑突显皇权至尊至贵的地位，如主体庭院运用九五比值，大殿采用最高级建筑形式；艺术构思完整，如三座大殿通过规模、高低的对比群体组合，我国古代建筑在组群艺术处理上的优秀传统得以充分体现。主从分明，井然有序。

扩建孔庙

孔子是春秋末年思想家、政治家、教育家，儒家思想的创始者。由于孔子和儒家学说为历代统治者所推崇，孔子被誉为"集古圣先贤之大成"的"至圣文宣王"，因此，在全国各地修建的名人祠庙中，孔庙的地位最特殊，修建得也最宏阔壮丽。自汉代"罢黜百家，独尊儒术"起，孔庙被列为国家修筑的祭祀建筑，特别是自唐宋以后，尤其在明代，各名都大邑，及府县都普遍建孔庙，又称文庙，并常与府学合建在一起，形成左庙右学之制，成为府州县城市规划建设中不可或缺的组成部分。

位于山东省曲阜市旧城中心的孔庙，占地约10公顷（1公顷＝1万平方米），呈窄长的地形，前后总共有8进院落，由前导和主体两部分构成。前导部分纵深空间由横间分隔成大小、开合不同的三个庭院，层层门坊沿中轴线布列，周围栽种苍翠古柏，营造出祭祀建筑特有的宁静幽深，崇敬肃穆的空间环境，并以颂扬孔子圣德勋绩的内容命名，各门坊文字与建筑相配合，强化了人们景仰追思先哲的心境，体现了我国古代祭祀建筑特有的处理方法，进而烘托出祠庙建筑的纪念性、教

太和元气坊

化性。如庙门称棂星门，而棂星则是古代传说中的天上文曲星，暗喻进入此门者即能成为国家栋梁之才。第二道门称圣时门，因孟子有言"圣之时者也"称颂孔子而取其意的。其余如太和元气、道冠古今、德侔天地、仰高、弘道等无不充满了对孔子颂扬之意。

孔庙的主体部分，自大中门起，仿宫禁形制，周围建有崇垣、四隅建角楼，过同文门为奎文阁，其阁共2层、3重檐，是孔庙的藏书楼。奎文阁后面的13座历代帝王往曲阜拜谒孔庙时留下的石碑，排列于道路两则，其形制相似，均为方形平面，重檐黄瓦歇山顶。庙主体庭院，在大成门内颇为广阔，四周建有廊庑，沿中轴线顺次建有杏坛、大成殿以及寝殿。

大成殿是孔庙最重要的建筑，是整个孔庙建筑群的核心，是供奉祭祀孔子的正殿。殿内中间立有孔子塑像，两侧是颜回、曾参、孔伋、孟轲四配以及十二哲像，殿面阔9间，长45.78米，进深5间，宽24.89米，总高达24.8米，黄琉璃瓦重檐歇山顶，大殿外共有檐柱28根，均是石柱，两山及后檐柱18根，八角形浅雕蟠龙祥云，前檐柱10根，浑雕双龙对翔图案，下部刻山石，形象生动，雕琢精细美丽。大殿建在2层石台基上，前有作为祭祀舞乐宽阔露台，殿外檐施和玺彩画，殿内天花板及藻井均雕龙错金。整个大殿异常巍峨庄严、金碧辉煌。

各地文庙建筑亦均以曲阜孔庙为蓝本，主要包括棂星门、泮池、大成门、大成殿及作仪礼和舞乐的露台，是文庙建筑的标准模式。

经历代统治者不断重修扩建，曲阜孔庙由最初三间旧宅扩充为占地约10公顷的"缭垣环护、重门层阙，回廊复殿，飞檐重栌"的宏大庙宇，其建造历史跨度长达2000多年，这在中国乃至世界建筑史上都是极为罕见的。孔庙建筑本身体现了中国古代建筑的艺术精髓，建造孔庙则体现了历朝历代统治者均以孔子为尊，儒学为本的思想。

武当金殿建成

明永乐十四年（1416），武当金殿建成。

金殿坐落于湖北省武当山天柱峰顶端，是一座鎏金铜亭，为中国古代的大型铸件。其高 5.54 米，宽 4.4 米，深 3.15 米，整个大殿均为铜铸鎏金，造型壮观华丽，纹饰繁缛，光彩夺目。殿内宝座、香案和陈设器物，均为金饰。室内悬之鎏金明珠，设计精巧，犹如木雕，而尤以重达 10 吨的着袍衬铠的真武帝君铜像最为珍贵，是武当的金山铜铸造像艺术中的珍品。殿前陈设有金钟、

武当金殿

玉磬，亦为不可多得的艺术品。

金殿在铸造时已考虑到构件的膨胀系数，构件装配比较严密，而且成吨重的铸件用失蜡铸造法铸造，后运至峰顶进行装配。金殿不仅反映了当时社会宗教昌盛的局面，而且在很多方面也显示出明代自然科学技术具有相当高的水准。

天坛建成

天坛是明清帝王祭祀天地和祈祷丰年的建筑。北京天坛亦体现古制，祭天的坛为圆形，称圜丘；祭地的坛为方形，称方泽。表明"天圆地方"的观念在天地坛形制上得以表现。

北京的天坛，位于正阳门外东侧，沿北京城中轴线与先农坛（原称山川坛）东西对峙，整个建筑群由内外两重围墙环绕，占地280公顷，4倍于紫禁城的规模。外墙南北1650米，东西1725米，内墙南北1243米，东西1046米，正门面西，内外墙的南面为方角，北面为圆角，寓意"天圆地方"之说。

北京天坛建于明成祖永乐十八年（1420），原称天地坛，整个天坛建筑群按使用功能不同分4组：祭天的圜丘及附属建筑；祈年殿及附属建筑；皇帝祭祀前斋宿处斋宫；饲养祭祀牲畜的牺牲所和乐舞人员居住的神乐署。圜丘和祈年殿为主体，南北相对，以一条长400余米，宽30米，高出地面4米的砖砌甬道丹陛桥连接。中轴线偏东。

圜丘是一个用汉白玉砌成的3层圆形石台，坛面上无其他

祈年殿内景

祈年殿

龙凤石。祈年殿内石板地面的中心，是一块圆形大理石，上面有天然形成的一龙一凤的纹样，叫"龙凤石"。皇帝祈年祭天时，就跪拜于这块奇石之上，群臣只能在此石之下跪拜。

建筑，以合露祭天地。周围用两重矮墙环绕，内墙圆形，外墙正方形，两重围墙四面正中建有白石棂星门，周围置 3 座高大望灯杆，12 座铁燎炉相陪。坛面中心铺圆石一块，外用石块围成 9 环。石块数均为 9 的倍数。坛的北面为皇穹宇，供"昊天上帝"牌位，祭天时才移至圜丘。皇穹宇平面圆形，单檐蓝琉璃攒尖顶，建于白须弥座石基上。皇穹宇前两侧各有配殿，外用围墙环绕，直径约 63 米，均用磨砖，始有回音之功效。

祈年殿是座圆形平面大殿，位天坛中轴线北部，高 38 米，上覆三重蓝色琉璃瓦屋面，鎏金宝顶，檐柱门窗朱红油饰，檐中斗拱额枋绘绚丽彩色，立于 3 层圆形白石台基上，大殿内外用 3 层木柱支起，内部 4 根柱，均装饰华丽辉煌。祈年殿后的皇乾殿功能同皇穹宇一样。

斋宫外有两重围墙，每重围墙外都有护城河相绕，主殿东向为砖券无梁殿结构。

天坛在总体规划布局及单个建筑的艺术造型上，体现了古代匠师卓越的空间组织才能和完善的艺术构思，既体现了崇高、神圣和"天人合一"思想，表明"受命于天"主题，建筑平面主为圆形，附会"天圆地方"的宇宙观。

太监兴安建大隆福寺

景泰四年（1453）三月二十六日，太监兴安费银数十万建成隆福寺。

兴安在金英获罪被废后，更加专权独断，也更佞佛。大隆福寺是他奏请景帝另建的。该寺建成，景帝准备临幸。河东盐运判官杨浩切谏，认为景帝即位之初，曾首幸太学，使海内仁人志士十分景仰。而修寺崇佛，殊非垂范后世之法。郎中章纶也言道：佛者，夷狄之法，非圣人之道。皇上若以万乘之尊临幸非圣之地，让史官写下来传之后

明景泰珐琅盒

世，将有损圣德。景帝听从，取消了去大隆福寺尊佛的想法。自从王振佞佛，佛教大行其道，数年时间在京城内外建了 200 多幢佛寺。景帝即位以来，有很多廷臣进谏事佛，但景帝终没有完全听从。

明宪宗宠信方士僧道

　　成化末年，明宪宗朱见深越来越宠信方士僧道，沉溺于神仙、佛老、声色货利、奇巧淫计。方士李孜省、僧继晓以及和他们串通一气的太监汪直、尚铭等人都被委以重任、加官受赏。奢靡的风气也因此流行，国库一天天空虚。

　　方士李孜省曾是江西布政司吏，因贪赃枉法被罢废为民。当时宪宗爱好方术，李孜省学过五雷法，因此李孜省巴结宦官梁芳、钱义，以符箓受到明宪宗的宠信。成化十五年（1479）四月，明宪宗委任他为太常寺丞。御史杨守随弹劾李孜省，说太常寺丞职司祭祀，应当慎重选人，怎么能用"赃秽罪人"，请求罢免。给事中李俊也同声附和。明宪宗不得已，于是把李孜省改为上林苑副监，但是更为宠幸，并且赐给他两枚印章：一枚刻有"忠贞和直"；一枚刻有"妙悟通微"，还特许他"密封奏请"。李孜省受到宪宗的宠信，乘势和梁芳勾结起来，干乱政事。成化十七年（1481）李孜省又被擢升为右通政，寄俸在通政司，仍掌管上林苑事务，不久，又迁为左通政。当时传奉官增多，方士僧道因此升官的有几千人，其中方士顾玒做了太常寺少卿，方士赵玉芝、凌中也升为太常卿，道士邓常恩也做了太常寺卿，这帮人都和李孜省狼狈为奸。

　　成化二十一年（1485）正月，朝廷官员有不少人指陈传奉官的弊端，还抨击了李孜省、邓常恩等人。明宪宗因看到天象有变，心存疑惧，贬了李孜省的官，还命令吏部斥罢了500多名冗滥官员。天下百姓都拍手称快。然而，到了十月，明宪宗再次擢升李孜省为左通政，李更加作威作福，更借挟鸾术说："江西人赤心报国"，一时间，江西籍致仕后又重被起用的人无数。且李孜省密封推荐，缙绅升降多出于此。又有僧继晓，江夏（今湖北武昌）人，巴结宦官梁芳而受引见，以秘术而得宪宗授为僧录寺左觉义，后晋升右善世，

《明宪宗元宵行乐图卷》。在一派歌舞升平景象的背后，隐藏着明中叶由盛及衰的危机。

之后又封为通玄翊教广善国师，深受宪宗宠爱。继尧母亲朱氏原为娼家之女，继尧为母亲乞旌，宪宗不经核斟竟一口答应。继尧天天怂恿宪宗做佛事，还在西市建了大永昌寺，逼迁居民几百家，耗费钱财数十万。继尧奸黠弄权，又深受宪宗宠信，所奏请之事没有不获准的。成化二十一年李孜省被革，继尧也被革为民。

明宪宗一朝，西番僧人受封为法王、大智慧佛、西天佛子、大国师、国师僧师称号的不计其数，封给真人、高士称号的方士道士更是遍地都是。成化二十一年李孜省被罢官时，方士僧道曾败于一时，但随李的复出更变本加利。直至孝宗即位，僧道宠信才尽失。

飞云楼显示明代木构楼阁特色

　　明代发展了中国古代建筑的传统，获得了不少成就，特别是在木构架房屋建筑方面尤为突出，技术超过了前代。位于山西省万荣县东岳庙内的飞云楼，是明代著名木构楼阁建筑之一，它显示了明代木构楼阁的特色。

　　飞云楼约建于明正德年间（1506～1521），虽经明清两代多次重修，仍然基本保持原貌。它在造型方面受宋代楼阁建筑的影响，将平台、披檐、龟头殿，十字脊屋顶等多种处理手法组合在一座建筑中，呈现出雄伟华丽的风格。飞云楼为3层，全高23.19米。底层平面是正方形，2、3层各面部凸出一个十字脊歇山顶的抱厦，平面呈亚字形。各向立面有3个歇山顶、6层檐口，角部有8个翼角。

明张希黄山水楼阁笔筒

全楼有大小82条琉璃屋脊及各类附有雕饰的斗拱。层檐叠角，形象非常奇特。

　　飞云楼为整体式结构。各层平面的尺寸并不相同，开间大小也有变化，不同于辽代木构楼阁，由构造相同的各层相叠而成，外观呈简单重复的规律性变化。飞云楼的主要荷载由贯穿3层的4根通天柱承担，柱高15.45米。4柱由枋木相联成为井筒，外檐构架全部搭接在井筒上，运用了插接、搁置、悬挑、垂吊等多种构造方法，使外檐梁枋同井筒结构紧密结合，浑然一体。

山西万荣县东岳庙飞云楼

这种整体性构架可以满足由不同气候条件决定的千变万化的功能要求，给各层空间的结构、门窗的设置提供极大的灵活性，为丰富楼阁建筑造型提供了条件。

飞云楼是明代建筑技术进步的体现。

明长城修建·长城体系完成

明灭元后，为了防御蒙古南下侵扰，大力修筑长城。明长城利用秦、北魏、北齐、隋和金修筑的长城，先后经过18次加修，起于洪武年间，止于万历年间，历时200多年方完成。明长城西起祁连山下，东到鸭绿江边，全长5660公里，称为万里长城丝毫不为过。明长城建筑水平在历代王朝中达到最高阶段。

长城的主体是城墙，明代以前多用土筑，明代所筑的长城因地段不同，地方材料不同，而各具特点。按筑城材料和构造看有条石墙、块石墙、砖墙、夯土墙及木板墙等数种，也有因地制宜随山就势的劈山墙，利用险峻峭壁的山险墙，在黄河突口冬季还有冰墙等。而这多种墙体中，又以砖石墙、夯土墙最多。城墙的高度也视地形起伏和险要程度而有所不

北京居庸关

修筑长城施工包工队工牌

已修缮完工之山海关"天下第一关"城楼

明长城中保存最完整、最具代表性的段落之一——八达岭长城。

经山海关向南延伸至渤海的入海长城老龙头　　　金山岭长城敌台

同。居庸关和八达岭附近及古北口、慕田峪等处的长城很有代表性，这些地段城墙高大坚实，城墙表面下部砌条石，上部为砖包砌，内部填土和碎石，顶面铺方砖，墙高平均约 7～8 米，墙基平均宽约 6.5 米，顶部高 5.8 米，净宽 4.5 米，可容 5 马并驰或 10 人并行。顶面一般随地势斜铺，在险要地改为台阶，墙顶靠里一面用砖砌筑 1 米多高的女墙，而向外一面砌成高约 2 米的垛口，每一垛口设了望孔和射击孔，每隔一段有吐水嘴，将墙顶雨水排出墙外。墙身上隔一定距离设一券门，券门内有砖或石砌的阶梯通至城墙顶上，守城士兵由此上落。

在长城上每隔 30～100 米建有一个突出墙外的台子，与城高相同而实心者称为墙台（也叫马面）；高出城墙而空心者称为敌台。墙台在实战中有很大作用，可使攻城者受到上部及左右两方的射击，有效地保卫着城墙的安全。平时墙台也是士兵巡哨之处，有的墙台上还有小屋，为躲避雨雪之用。敌台一般高出墙体 1～3 层，下部可驻扎士兵，存储弹药武器，并开有箭窗，顶层用作瞭望放哨。这种骑墙敌台是明代名将戚继光在总结前人经验的基础上创造的，规模小者可驻兵十几人，大者可驻上百人。

烽火台又称烽堠、烟墩、烽燧，是报警和传递军情的建筑。台上贮薪，遇有敌情时白天焚烟、夜间举火。多为独立的高台，彼此相距 15 公里，台址选在便于互相瞭望的高岗或峰巅。多数在长城两侧，也有伸展到长城以外很远处，还有的是向关隘州府乃至首都联系的烽火台。烽火台的材料和构造与长城相同。

关隘为险要交通孔道的防御组群，由驻兵的城堡、出入的关城、密集的烽堠、敌台和多道城墙组成。关城是主体，建有瓮城、城楼、角楼、敌楼、铺房等，两侧与长城相连。现存著名关城有山海关、嘉峪关、居庸关、古北口、雁门关等，地形险要，建筑雄伟，也是中国建筑艺术中独具风格的杰作。还有许多段落具有很强的观赏价值，如北京延庆县八达岭段、怀柔县慕田峪段、密云县司马台段、河北省滦平县金山岭段等。

明代长城沿线分设 9 镇，自东向西为辽东、蓟镇、宣府、大同、山西、延绥、宁夏、固原、甘肃，每镇均有重兵把守。长城的关口很多，是进出长城的孔道，每镇所辖多至数百，全线共有 1000 以上，其中著名的有数十座，如山海关、居庸关、雁门关等。这几处都是拱围京都北京的战略要地，修筑得最为坚固。自居庸关向西至山西偏关段分成南北二线，称作里、外长城。

甘肃嘉峪关关城

明朝除在北部修万里长城外，也曾在我国贵州一带筑长城380余里。

明代长城建设，既集前代之大成，又具自己的特色。首先，强调点线集合，突出加固城墙所经重要关隘，成其为坚固关城，与城墙紧密结合，形成以点护线的筑城体系。其次，注重加强长城的防御纵深，构筑专用于防守的墩台，在重要的防御点，层层设城塞、营垒；在重点防区构筑外濠、外墙和内濠、内墙。城墙上增敌台，外围筑关堡、烽燧，增加防御层次。形成外长城护内长城、内长城护内的三关筑城体系，加大了防御纵深。其三，工程设施的砌筑技术有很大发展和创新，明长城墙高、墙厚均较前代增加，并在后期出现了用以射击、观察、掩蔽、贮藏物资与装备的空心敌台，进一步增强了城墙的防御能力。

明代修筑的长城是其北部边疆防御体系的主干，虽是以军事功能为基准的军事防御工程，但其宏伟壮观，为举世所叹为观止，是世界历史上伟大的工程之一。

少林武术盛况空前

明代少林武术活动盛况空前，明人诗文中颇多咏述少林僧习武事，如焦宏祚《少林寺诗》云："借闲古殿仍谈武，鸟立空阶似答诗。处处楼台皆随喜，何缘觅得且多枝。"此时少林武僧还经常以其精湛的武技，为游人表演。

少林僧习武内容主要有两类：一类是单练，如剑者、鞭者、戟者等；另一类则是对搏技能。即所谓掌搏、手搏、拳搏、搏击等。习武内容较前期大为丰富，这一发展显然与当时民间武术的蓬勃发展有直接的关联。

少林拳是少林武术中主要内容之一，此时有较大的发展，不仅有"拳势歌"问世，而且较拳、表演拳法的现象也多见。少林武僧反对"花拳"，因此在拳法习练方面以手搏为主，其形式、非假势合，而是少林寺传统的徒搏技能。少林僧除习练拳势和手搏外，亦习一些特技，如"黑夜钉身"、"乌鸦瓦飞"法等。

当时少林寺僧虽习拳，但不以拳闻，而以棍名。少林寺拳法在明代末尚处于不断完善中。而少林棍有势、有路、有谱，在当时已形成完备的棍术体系。同时还有"邵陵（少林）棍法歌"二首问世，其歌为七言句，采用形象的语句说明了少林棍势的攻防变化。它是为寺僧掌握要领，分辨正误，防止编差所编的，反映了少林寺僧对棍术的重视和对棍法研究的深化。

在当时民间武术蓬勃发展的形势下，少林寺与社会上的武术交流也频繁起来，出寺寻艺和入寺交流学艺的现象不断，如少林寺僧刘德长、洪记、广按等人都是嫌技未益精，而遍游天下，以后技艺大进。少林棍法也曾得抗倭名将俞大猷的指点。

宣德之后，入少林寺习武者日众，不仅使少林寺武术广播四方，而且使少林武术本身的内容也日趋丰富和发展了，值得一提的是，御倭战争期间，具有爱国主义思想的少林寺僧也纷纷奔赴抗倭战场。

少林寺初祖庵大殿

双林寺彩塑塑成

双林寺彩塑是中国明代佛教彩塑，约塑成于明代中叶。

双林寺位于今山西省平遥县城西南 6 公里桥头村与冀壁村之间。寺内天王殿、释迦殿、菩萨殿、千佛殿、罗汉殿等大小 10 座殿堂共有彩塑 2000 余尊。其中有成组的圆雕、浮雕、壁雕及各种装饰性雕塑。彩塑中最大的是天王殿廊下的四大金刚，高约 3 米；最小的如各殿内的壁塑人物，高约 40 厘米；罗汉殿彩塑则与真人等高。

四大金刚的动态和表情夸张，且具有不同性格。四天王像每座高约 2 米，保存较为完整，性格刻画含蓄而各有特点，有很强的写实性。罗汉殿内，中央为观音像，其两侧的 18 身罗汉（14 身坐像，4 身立像）是该寺彩塑的精华。

双林寺彩塑千手观音（山西平遥）

彩塑粉色已经斑驳，面部的高点部位甚至露出了泥胎。18 身罗汉的年龄、修养、气质各不相同，他们的脸型、身段、动态直到发型、帽式、服装也都各异。有的高声论道，有的娓娓而谈，有的闭目沉思，有的冷眼凝视，形象有动有静，丰富多样，使殿堂呈现出生动活泼的气氛。衣纹的塑造也极为概括洗练。

苏州园林大规模兴建

　　明代私家花园的建造，比以前各代有长足的发展，尤其明中叶以后，私家园林大规模兴建，形成我国私家园林的全盛时期。苏州兴建园林多达270余处，为宇内之冠。

　　苏州地处江南，山明水秀，气候宜人，自然景色优美，自古为富饶繁华之地。这是苏州园林兴起的自然条件。苏州园林的兴建可上溯到春秋时期，吴王阖闾、夫差就曾建长乐宫、姑苏台、海灵馆、馆娃阁等，这些是富丽的宫苑。其后历代达官贵人，文人墨客也都在此建园，如西晋的顾辟疆园，东晋的虎丘别业，五代吴越国的广陵王金谷园，北宋的五亩园、沧浪亭、乐圃、绿水园，南宋的万卷堂，元代的狮子林等，都非常闻名。这是苏州园林的历史沿革。

　　而进入明代，苏州成为中国著名的丝织业中心，并出现了资本主义萌芽，建园造院之风日盛。凡官吏富商以至一般士民，无不造园，出现了大规模兴建园林的风气和热潮。现存苏州园林中保存较为完整的有70余处，其中明代创建的有拙政园、惠荫园、环秀山庄和留园。

　　苏州园林不论面积大小，皆具特色，而且都体现了江南园林所具有的叠石理水、花木种类繁多、布局有法、风格淡雅的特点，每座园林几乎都包括了当时造园手段的精华。其格局大都以山、水、泉、石为骨骼，以花、木、草、树为烘托，以亭、台、楼、榭为连缀，自然要素和人工创造融于一体，并形成各自不同的独特风格。

　　苏州的私家园林著名的有拙政园、留园、艺圃、狮子林和沧浪亭等。其中拙政园、留园、狮子林和沧浪亭号称苏州四大名园。

　　艺圃位于苏州市区内，明代始建，明末改称艺圃，迄今仍保持明代风格。全园面积不大，布局以水面为中心，池周布置建筑、山石、花木。南部以山景为主，池北以水榭为主，除环绕水池的主体风景外，还分出若干小的风景区，

拙政园腰门

拙政园中部水池

增加景观层次变化，西南隅自月洞门入，自成一区，幽静素雅，整座园林自然开朗，颇具山林之趣。

拙政园位于苏州市娄门内东北侧，明正德八年（1513）前后，由王献臣创建，其取晋潘岳《闲居赋》之"拙者之为政"为园名。现园基本为清末规模，经修复扩建，面积约62亩，分为东区、中区、西区，亦即原"归田园居"，"拙政园"、"补园"三部分。1961年被定为国家重点文物保护单位。

留园位于苏州市阊门外，原属明嘉靖时太仆

寺卿徐时泰的东园，清嘉庆时刘恕改建，并改名寒碧山庄，俗称刘园，占地约30亩。太平天国时苏州诸园多毁于战火，唯此园独存，清光绪初年易主，改名留园。现园经过修整，大致分为中区、东区、北区、西区四区。1961年被定为国家重点文物保护单位。

狮子林为元末至正年间所建；沧浪亭为五代吴越国王公贵族别墅，北宋苏舜钦改为沧浪亭。此外，还有怡园、网狮园、畅园、壶园等。

作为中国古典园林中最具代表性的一批杰作，苏州园林在中国古典园林建筑史上占有重要地位。

苏州留园中部山池

苏州沧浪亭门前临水建筑

中国木架结构建筑定型

明代建国后，太祖朱元璋实行了一系列恢复和发展生产的政策，促进了农业、手工业、商业的发展，独立的手工业者和自由商人大量涌现。科技的发展和提高，极大地推动了建筑业的发展和建筑技术的进步。一方面是各地民间建筑的大量兴建，在满足使用功能、适应当地自然条件、运用地方材料等方面积累了丰富的经验，形成丰富多彩的地方风格和民族风貌。另一方面是帝王集全国优秀工匠，建造大规模的宫殿、坛庙、陵墓及长城等，集中反映这一时期建筑技术最高成就。

明代建筑结构主要分两种，即全部用砖券结构的无梁殿结方式，另一种是木结构建筑。用无梁殿结构的建筑也受到传统木结构建筑的影响，外观造

江苏无锡梅村泰伯庙的大殿梁架

浑厚严谨的长陵棱恩殿屋角梁架

型多仿照木构架建筑的作法。

而在木结构建筑方面，中国木架结构建筑体系经过2000多年的发展，经历了由简陋到成熟复杂，进而又向简炼的过程。自元代以来木架结构建筑在承袭唐宋的传统基础上有些重大的改革，但还没有形成较固定的做法。到了明代木架结构建筑逐渐趋于定型化、标准化，形成一套成熟的体系和作法，反映了木架结构发展的必然趋势。

木架结构建筑发展和变革最重要的体现在斗栱结构机能的变化上。自元代以后，斗栱的结构功能减弱，比例缩小，排列逐渐密集，几乎成为纯装饰的构件。内檐斗栱也逐渐减少，梁枋直接置于柱上或插入柱中，使梁柱的构造关系简化，联系也更加紧密。此外，柱的比例变得细长，柱的生起、侧脚也很少用了。由于上述变化，明代的官式建筑屋顶出檐变小，屋脊的柔和曲线不见了，形成

巨柱林立、气势雄伟的棱恩殿室内

由向心排列的溜金斗栱承托的、庄严华丽的皇穹宇天花

稳重严谨的建筑造型。如山西万荣飞云楼，内檐4根粗大金柱直贯3层，使3层构架混为一体，而各层间又有一些灵活的做法，结构设计合理巧妙，外观玲珑秀美。

明代木构架建筑已经高度标准化、定型化，各构架间都有一定的比例关系，简化了建筑设计和施工工序，提高了工效，同时也便于估工估料。这种标准化的做法，不仅表现在木构架体系上，而且在门、窗、彩画、须弥座、栏杆，甚至装修纹样上都有充分的反映。

明代木架结构建筑的高度标准化、定型化，形成一些固定的模式和作法固然有许多优点，但这样也给建筑形式带来某些变化，失去清新活泼的韵味。

盛京宫殿基本形成

　　盛京宫殿是清太祖努尔哈赤和清太宗皇太极时期在沈阳建造的宫殿建筑。自天命十年（1625）开始，大约花了10年时间，皇宫基本建成，又经过康、乾两朝多次增建，才成了今天这样的规模。

　　盛京宫殿群规模宏大，大约占地6万余平方米。按照建造先后大约可分三个部分：东路由大政殿和15亭组成。大政殿是当时后金王朝举行大典的殿堂，座北朝南，八角形平面，垂檐八角攒尖屋顶。15亭在大成殿前分列左右，呈"八"字形。除了往北端的左右冀王亭之外，其余8亭都依八旗的序列设置。这是努尔哈赤召集八旗王商议国事，供八旗王办公的地方。其建筑格局保存了战争中军帐、营房的遗风。而盛京宫殿有别于其他古代建筑群的重要特点是将皇宫的主要大殿和王公大臣的办公建筑同置一处。

　　盛京宫殿群的中路为大内宫殿，依中轴布置了大清门、崇政殿、凤凰楼和清宁宫。崇政殿是皇帝处理日常政务的地方，清宁宫则是帝后的寝宫，该宫的西中部是祭神之所，按照满族的习俗在南、西、北三面建了万字炕，宫外东南角则建右神杆（索伦）。凤凰楼、清宁宫及东西配宫6座都建在一个3.8米的台座上，高台四周筑有围墙，形成宫高殿低的格局，这和北京紫禁城外朝三大殿居于高石台基上，内廷后三宫低于前朝的布置恰好相反。这可能与女真人的生活习惯有关，女真人长期生活在长白山地区，习惯干住在高山台地，努尔

沈阳故宫崇政殿室内宝座

哈赤建立全国之后在新宾、界藩山、萨尔浒等地建造的宫室，也人都建在高地上。

盛京宫殿群的西路以收藏四库全书副本的文溯阁为中心，前面是嘉阳堂戏台，后面是仰熙斋。

盛京宫殿的建筑风格还受到蒙族和藏传佛教的影响，如崇政殿的方形檐柱与托木式的大雀替、梁头做成龙头或雕饰，以及天花井口中的梵文装饰图案、柱头上的兽面雕饰、崇政殿大政殿装修上几何图形的藏式小檐口等都是。盛京宫殿还大量地采用琉璃瓦作为装饰材料，装饰风格也颇有特色。总体说来，盛京宫殿不如北京宫殿那样豪华精致，却有一种奔放、粗犷之美。

明十三陵竣工

明十三陵位于北京城北 45 公里的昌平县天寿山下。始建于永乐七年（1409），到清初始竣工。明末李自成起义军攻入北京，崇祯皇帝自缢于煤山（今景山）。清兵入关后，标榜为明"复君父仇"，因而以礼葬崇祯于十三陵，故十三陵到清初才竣工。十三陵是一个规则完整、布局主从分明的大型陵墓群。

十三陵即明代 13 个皇帝陵墓的总称。明代自成祖朱棣迁都北京后，至末帝朱由检止，共 14 帝，除景帝朱祁钰因故别葬金山外，其余皇帝的陵墓都在这里，其名称依次为：明成祖朱棣的长陵、仁宗的献陵、宣宗的景陵、英宗的裕陵、宪宗的茂陵、孝宗的泰陵、武宗的康陵、世宗的永陵、穆宗的昭陵、神宗的定陵、光宗的庆陵、熹宗的德陵、思宗的思陵等十三个皇帝的陵墓。

十三陵定陵之明楼

明成祖朱棣经"靖难之变"夺取皇位，并迁都后即派礼部尚书赵羾和著名的风水先生廖均卿等在北京附近寻吉地、宝地以置帝陵。永乐七年（1409），选中黄土山陵址，并将黄土山更名为天寿山，裁定为自己和子孙后代的共同陵址，下令圈地 80 里，开始建长陵，永乐十一年（1413）

十三陵石牌坊

十三陵远眺

十三陵石像生文臣像

建成，1424 年朱棣死后归葬于此，此后子孙相承，均营陵于长陵左右、形成以长陵为主体的陵墓群组。明十三陵最终形成。

　　陵区面积约 40 平方公里，北、东、西三面山岳环抱，明十三陵依照南京朱元璋的孝陵为蓝本，以宫殿的形式修筑而成，按照安葬、祭祀和服务管理三种不同的功能要求，分成前中后三进院落，集宋朝的上下宫于一体，成为既供安葬又供祭祀使用的综合建筑群。南面开口处建正门——大红门，四周因山为墙，形成封闭的陵区。又在山口、水口处建关城和水门。在山谷中遍植松柏。大红门外建石牌坊，门内至长陵有长六公里余的神道作全陵主干道。神道前段设长陵碑亭，亭北夹道设十八对用整石雕成的巨大的石象生。神道后段分若干支线，通往其他各陵。长陵为十三陵主陵，其他十二陵在长陵两侧，随山势向东南、西南布置，各倚一小山峰。经过 200 余年经营，陵区逐渐形成以长陵为中心的环抱之势，突出了长陵的中心地位。长陵外其他各陵不另立神道，只有陵前建本陵碑亭殿宇、宝顶也都小于长陵。各陵的神宫监、祠祭署、神马房等附属建筑都分建在各陵附近。护陵的卫所设在昌平县城内。陵区在选址和总体上都是非常成功的。

十三陵的各陵形制相近，而以长陵为最大。长陵成于永乐期间，是陵区的主体，其布局也是其他明陵的典范。十三陵中 16 世纪建造的神宗万历帝的定陵墓室已发掘，由石砌筒壳构成，有前殿、中殿、后殿和左右配殿。

汉代、唐代各帝陵相距较远，不形成统一陵区。宋代、清代各陵虽集中于一个或两个地区，但为地域所限，多并列而主从不明。只有明十三陵，集中于一封闭山谷盆地，沿山麓环形布置，拱卫主陵（长陵）。神道的选线和道上的设置又加强了主陵的中心地位。在中国现存古代陵墓群中，十三陵是整体性最强、最善于利用地形的。通过明十三陵的这些明显特点，我们可以了解到明代大建筑群的规划设计水平。

改造故宫

清朝定都北京之后，基本上是完整地继承了明代的所有建筑，北京宫殿仍然沿用前代，总体布局没有变更，只不过将原来明代宫殿的名字改为新名，表明已经改朝换代了。清代还将在战争中毁于兵火的殿堂全面修复，使过去那种恢宏、整一的故宫建筑群得以重现。

清代对故宫的改造只是局部的。清初，将皇后居住的坤宁宫按照满人的居住习俗进行内部改造，成为祭神之所；在中间几间按照满族样式在南西北三面砌上大炕（称万字炕）及连炕大灶，作为祭神时聚会和烧制胙肉的地方；将宫殿的入口改在东偏，东暖阁改成皇帝大婚的洞房。

另一项重要的改造是西六宫前的养心殿。养心殿做成工字殿形式，前殿有5间，前面再加3间抱厦。殿内明间设宝座，按照正式朝仪布置室内的陈设。明间的左右是两间东西暖阁。东暖阁是皇帝日常起居并处理政务和召见近臣的地方，室内装修极为精美，南端设有木炕，东端则设有宝座，北半部则隔成两个后室，供皇帝就寝。西暖阁是皇帝的机要办公处，窗外的抱厦加设了一层"木围"，以防窥视。西稍间又隔出一小室，这就是著名的三希堂。养心殿后殿则供皇后居住。

故宫中心宫殿鸟瞰

清代对故宫布局最大的改造是在外东路明代的仁寿宫、哕鸾宫、喈凤宫的旧址上兴建宁寿宫。它完全仿效宫城中轴线上外朝内廷的格局，前后分别建皇极殿、宁寿宫（成一组）和养性殿、乐寿堂（成一组）。在乐寿堂的东侧又建作为皇帝看戏和礼佛的畅音阁和梵花楼；西侧则建有俗称乾隆花园的遂初堂、符望阁等园林建筑。宁寿宫的建筑非常完整、全面，可以称之为独立的小皇宫。

　　总之，清代对北京宫城的改造，进一步保护并加强了中轴对称布局，利用环境气氛的感染力突出了皇极至上统驭一切的威严气势，另外在生活的适用性和装饰设施的华丽方面也进行了大量的改造。

布达拉宫重建

清顺治二年（1645），西藏五世达赖喇嘛兴工重建布达拉宫。

梵语里的"布达拉"是"佛教圣地"的意思。布达拉宫位于拉萨旧城西面两公里的红山（北玛布日山）上，始建于吐蕃赞普松赞干布时期，9世纪毁于西藏战火。后经五世达赖以及以后50余年的重建，逐渐成为中国喇嘛教首领达赖喇嘛的驻地，和清朝中央政府驻西藏的行政、宗教机关的所在地。

布达拉宫建筑雄伟，它包括山顶的宫室区、山前的宫城区及后山湖区3个组成部分。

山顶的宫室区由红宫和白宫为主体的建筑群构成。红宫因建筑外墙涂红色而得名，作为布达拉宫唯一的红色建筑，它是达赖喇嘛从事宗教活动的场所，也是存放已故达赖灵塔的佛殿，建筑面积为16000多平方米。红宫总高9层，下面4层为地垅墙组成的基础结构，屋顶多为藏式平顶，有7座殿顶为汉式屋顶，覆以镏金铜板瓦。第五层中央为西大殿，是达赖喇嘛举行坐床（继位）及其他重大庆典的场所。大殿上面4层中部为天井，四周建有4座安放达赖喇嘛遗体的灵塔殿，20多座佛殿和供养殿。白宫因外墙涂白色而得名。它位于红宫的东侧，是达赖喇嘛处理政务及生活居住的宫室。高7层，有内天井，多作藏式平顶。底层是用地

布达拉宫红宫

垅墙分隔成的库房，第二层东端有白宫的门厅，第三层是夹层，第四层中央是白宫的东大殿，大殿之上有回廊，沿回廊布置经师、摄政的办公和生活用房及侍从用房、厨房、仓库等。最高层为达赖居住的东日光殿和西日光殿。

在红宫前有西欢乐广场，白宫前有东欢乐广场，西欢乐广场下面依山建造赛佛台，高9层，上面9层开窗，与红宫9层立面组合，故有布达拉宫13层高之说。

山前的宫城区，外有南、东、西3座城门和2座角楼，城内是为整个布达拉宫提供服务的管理机关、印经院、僧俗官员住宅、监狱、马厩等建筑。

后山湖区有两片湖水，西湖岛上有一座4层楼阁，藏语中是"龙王宫"之意。

依山而建的布达拉宫，在道路的设计上简洁明了。在南面山坡上有一主蹬道直达中央赛佛台东侧大平台。从这里一分为二，西面进宫门后入红宫，再出广场西门与僧房相通，是朝佛之路。东面经过曲折的通道至东欢乐广场，从广场西的扶梯直入白宫，是朝拜达赖喇嘛之路。

布达拉宫的室内设计更是精美绝伦。门厅、佛殿、经堂、日光殿等的室内梁柱饰满雕刻和彩画，宫内供奉着众多的神色各异的佛像，增加了布达拉宫的神秘感。这些带有浓厚宗教性质让人感到扑朔迷离的宫内装饰，也为了解西藏文化、艺术、历史、民俗提供了宝贵资料。

从整体上看，布达拉宫依山而立，根扎山岩之中，随山就势，错落有序，山丘浑然一体，烘托出建筑的豪华与雄伟。

布达拉宫的建造，集中体现了藏族工匠的智慧和才华，突出反映了藏族建筑的特点和成就。

雍亲王府改为喇嘛寺

雍和宫法轮殿内景

康熙三十三年（1694），康熙帝第四子胤禛（后来的雍正皇帝）在北京城内东北隅原明代太监官房旧址筑建雍亲王府。雍正三年（1725）改建为雍和宫，成为特务衙署"粘杆处"。雍正驾崩（1735）后，因其灵柩停放在宫内，遂将各主要建筑的屋顶由绿琉璃瓦改为黄琉璃瓦。又将供奉雍正帝画像的永佑殿改名为神御殿。此后，雍和宫成为清代皇帝供奉祖先的曼堂，众喇嘛常年在此颂经，超度亡灵。乾隆九年（1744），正式改建为喇嘛教寺院，并成为清政府管理喇嘛教事务的中心。

雍和宫万福阁

圆明三园建成

清乾隆九年（1744），圆明三园基本建成。它位于北京西北郊，是圆明园以及它的附园长春园和绮春园的合称。也是清代北京西北郊五座离宫别苑即"三山五园"（香山静宜园、玉泉山静明园、万寿山清漪园、圆明园、畅春园）中规模最大的一座，占地面积为347公顷。咸丰十年（1860）为英法联军所毁。

作为三园之中规模最大的圆明园，原是明代私家园林，清康熙四十八年（1709）赐给皇四子胤禛，改名圆明园。胤禛登位后，扩建为皇帝长期居住的离宫。后来，乾隆皇帝6次下江南，凡是他所中意的名园胜景都命画师摹绘下来作为建园的参考，因此，圆明园在乾隆时再次扩建，在继承北方园林

圆明园长春园中谐奇趣西洋楼及方壶胜境图

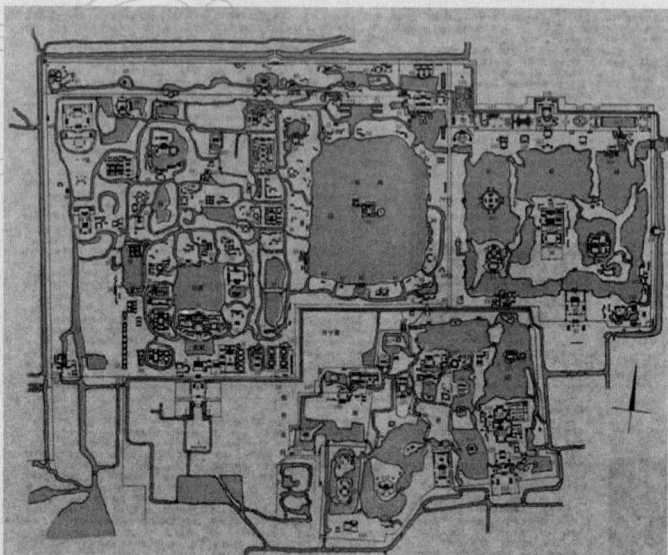

圆明园、长春园、绮春园总平面图

传统艺术的基础上，广泛汲取江南园林的艺术精华，建成一座具有极高艺术水平的大型皇家园林。作为一座集锦式园林，它以宫殿区为中心，周围在河湖各处散落布置了近百座建筑群。其中由乾隆皇帝题咏的共40处，称为圆明园四十景。

长春园建于乾隆十四年（1749）。它位于圆明园的东侧，是乾隆皇帝归政后的游乐之地。园内湖堤纵横，散落着倩园、茹园、建园、狮子林等30处景点，这就是所谓的长春园三十景。另外，在长春园北墙内东西狭长地带，建有6幢欧洲巴洛克风格的砖石建筑，以及西洋喷泉和动物雕刻，这一景点被称为西洋楼。

绮春园又名万寿园，在乾隆三十七年（1772）由长春园南边的几个小园合并而成。有著名的绮春三十景。嘉庆十四年（1809）建成绮春园大宫门，拓展西路，并入含晖园和寓园。

圆明三园全部由人工起造。造园匠师运用中国古典园林掇山和理水的各种手法，创造出一个完整的山水地貌作为造景的园林结构。圆明三园最大的特色就是水多，水域面积占全园面积的一半以上。回环萦绕的河道构成全园的脉络和纽带。叠石而成的假山，聚土而成的岗阜，以及零落散布的岛、屿、洲、堤，构成了山重水复、层叠多变的山水景观。

圆明园内有类型多样、各具特色的建筑物。如"武陵春色"，取材于陶渊明的《桃花源记》；"蓬岛瑶台"，寓意神话中的东海三神山；"福海沿岸"，摹拟杭州西湖十景；而九岛环列的后湖则代表"禹贡九州"，体现"普天之下，莫非王土"。

圆明园作为皇帝长期居住的离宫，兼有"宫和苑"两重作用。在园的正门建有一个相对独立的宫廷区，包括皇帝、皇后的寝宫、皇帝上朝听政的"正大光明"殿、大臣议事的朝房和政府各部门的值房，实际上是北京皇城大内的缩影。

圆明三园都是集锦式的山水园林。尽管在布局和造园手法上各有千秋，但总体而言，它们是清代皇家园林中的精品，被世人誉为"万园之园"。

承德外八庙建成

清康熙五十二年（1713），各蒙古王公为庆祝康熙帝 60 大寿请旨在中国河北省承德武烈河东岸平地上建溥仁寺、溥善寺。溥仁寺（俗称前寺）供观瞻，溥善寺（俗称后寺）供喇嘛习经。乾隆二十至二十三年（1755~1758），为纪念平定厄鲁特蒙古准噶尔部族首领噶尔丹煽动的武装叛乱而建造了普宁

承德普乐寺

承德普陀宗乘之庙，金瓦顶，万法归一。

寺。普宁寺分前后两部分，前部为一般汉族寺庙形式，后部是以大乘阁为首的一组建筑群。大乘阁内供奉千手千眼观音立像，高 20 多米，是中国现存最大的木雕像。乾隆二十五年，在普宁寺的东南方建普佑寺，安置喇嘛学习经文。乾隆二十九年，达什达瓦部迁承德定居，为满足他们的宗教要求，在武烈河东岸高地上，模仿位于伊犁河畔的固尔扎庙建安远庙，俗称伊犁庙。此庙有三层墙廊围绕，中为普渡殿。乾隆三十一年为庆祝土尔扈特、左右哈萨克、布鲁特等族回归清朝建普乐寺。寺后部是一座"阁城"（坛城），下为两层石台，台上建旭光阁。乾隆三十二年，为庆祝乾隆皇帝 60 寿辰和其生母 80

大寿，也为庆祝蒙古土尔扈特部历尽艰辛返回祖国而在行宫北部山麓，仿拉萨布达拉宫建普陀宗乘之庙，俗称"小布达拉宫"。西藏达赖喇嘛到热河觐见皇帝时多居此处。乾隆三十七年，在普陀宗乘之庙以西建广安寺，又名戒坛，是为蒙古王公受戒和说法的寺庙。乾隆三十九年（1774），在广安寺以东仿造山西五台山同名寺院及北京香山宝相寺建殊像寺。同年又仿浙江海宁安国寺建罗汉堂，内有500罗汉木雕像。乾隆四十五年，为庆祝乾隆皇帝70岁生日，西藏六世班禅前来诵经祝贺。为了接待班禅，在避暑山庄以北山麓最东端建须弥福寿之庙。同年，特准诺门汗活佛在普宁寺以东自建广缘寺。这12座庙寺沿避暑山庄东、北两面山麓

承德须弥福寿之庙鸟瞰

承德普宁寺大乘之阁

均匀布局，与山庄内的湖山亭阁及四周的奇峰怪石，共同组成了一幅色调绚丽的环境艺术长卷。又因其分属8座驻有喇嘛的寺庙管辖，故通称"外八庙"。

外八庙绝大多数是清王朝在解决边疆问题过程中，为来热河行宫朝见皇帝的蒙藏王公贵族而建造的，是一批政治性很强的纪念性建筑。因此，它的建造大都仿自西藏、新疆兄弟民族著名寺院。其特点不仅应用了琉璃瓦顶、方亭、牌楼、彩画等汉族建筑传统手法，同时也应用了红、白高台、群楼、梯形窗、喇嘛塔、镏金铜瓦等藏族、蒙古族的建筑手法，建筑形式别具一格。

承德外八庙，作为清代喇嘛教的中心之一，其建筑雄伟，规模宏大，反映出清代前期我国建筑技术和建筑艺术的卓越成就。

中国园林建筑艺术水平达到顶峰

清代是中国园林的最后兴盛时期，此期的园林建筑艺术显露出地方特色，形成北方、江南和岭南三大体系。

北方园林以北京最为集中，除皇家苑囿外，城内颇具规模的宅园达150处之多，园林建筑呈现厚重朴实刚健之美，具有浑朴、凝重、粗放的艺术特色。

北京颐和园昆明湖的玉带桥

岭南庭园的代表——广东东莞可园

江南园林集中在扬州、苏州、南京、杭州等地，宅园建筑轻盈空透，空间层次变化多样，建筑色彩崇尚淡雅，粉墙青瓦，赭色木构，有水墨渲染的清新格调，独具婉约、柔媚、通透的艺术风貌。岭南园林以广州附近东莞、番禺、佛山等地的园林为代表，还包括福建、台湾的宅园。因受气候影响，岭南园林更加通透开敞，同时吸收西方规整式园林的风格，水体和装修多呈几何形式；建筑密度高，姿态丰富，体型呈向空间发展，以幽奥、丰富、装饰性强的风格见称。

在建筑艺术方面，清代的造园技艺已经达到炉火纯青的地步，创造了许多空间——环境处理方面的巧妙手法：小园有一套小中见大、以少胜多、逐步展开、引人入胜、步移景异、余意不尽的手法；大面积苑囿则有另一套依山就水、巧于因借、园中有园、模仿名胜、主次相成、对比变化等手法。园林建筑形成了空间通透、格局多变、造型轻巧、平面自由等特色，还创造了其他建筑无法与之比拟的漏窗、门洞、窗洞、花街铺地等式样。叠山艺术方面也形成以土为主和以石为主两种风格。

清代园林富于意境之美，同山水诗画有着共同的艺术目标。它往往采用提炼概括和写仿寓意等手法，集自然美景于有限的空间，形成咫尺山林。清代园林在模仿自然的基础上，呈现丰富多采的园林意境，主要有海岛仙山、田园村舍、诗情画意、各地名胜等。海岛仙山以大池为中心，象征东海，池中堆土或叠石为岛，象征传说中的海上仙山，圆明园中的"蓬岛瑶台"、杭州西湖的"小瀛洲"、苏州拙政园的"小蓬莱"等都采用东海仙岛的构想。田园村舍的意境构想也被清代帝苑吸收，如圆明园就有"牧童牛背村笛"的田园风光，还有"映水兰香"、"多稼如云"、"杏花春馆"等景点，构成一片水乡村景。清代园林以各种点景题额、楹联、书画及叙园景的诗篇、画幅而富有诗情画意，也常吸取诗意、画意作为造景的依据。如圆明园"夹镜鸣琴"一景即取李白"两水夹明镜"诗意而造。清代园林还写仿各地名

扬州瘦西湖畔的五亭桥

苏州园林的杰作——建于清代的网师园

山胜景，把各地名胜引入园中。如圆明园移植了杭州西湖柳浪闻莺、断桥残雪、平湖秋月等景点，清漪园则模仿西湖堤、岛布置方式。此外，清代园林还有曲水流觞、梵刹琳宇、街市酒肆等意境构思，尤其是寺观园林为清代帝苑提供了丰富的造景借鉴。清帝苑中常设佛寺，如承德避暑山庄有永祐寺、珠源寺、水月庵等建筑，圆明园有观音殿、舍卫城，颐和园有佛香阁。私家园林也设立佛堂。可见，清代园林意境内容丰富，形式不一，极具艺术创造性。

清代园林代表作，苏州四大名园之一——留园

苏州四大名园之一——拙政园

清代园林的全盛时期，皇家帝苑和私家园林竞相发展。清代帝苑代表了此期园林艺术的最高成就。与私家园林相比，帝苑构图严整、景点集中、装修华丽、规模巨大，显示出雍容华贵的皇家气派，以表现奉天承运、天子独尊的封建统治意图。御苑集江南私家园林及各地名山胜水景观于一园，南北造园艺术得到交流，提高了构思深度，也丰富了创作思路。清代私家宅园也达到宋明以来的最高水平，园林规划由住宅、园林分置逐渐向结合方向发展，提高了园林的生活享受职能。宅园用地宝贵，在划分景区和造景方面善用曲折、细腻的手法，空间不断变幻，开合、收放、明暗、大小、

精粗等不断转换，表明对比统一构图规律在宅园造园艺术中已被纯熟运用。清代私家园林创造了丰富多彩的艺术形式，呈现出有别于皇家帝苑的民间风格。

清代还出现了我国第一部系统总结园林艺术和技术的理论专著——《园冶》。这本书在较高层次上总结了历代造园实践的经验，形成了系统的学说，是一部划时代的巨著。

从总体来看，清代园林堪称中国古典园林发展的一个高峰。清代造园艺术对其他少数民族的建筑也有一定影响，西藏的罗布林卡即模仿汉族离宫的样式建造，回族的住宅中也另辟园林式庭院，养花种草以改善居住环境。

颐和园建成

光绪二十一年（1895），颐和园建成。

乾隆十五年（1750），乾隆皇帝兴工修建颐和园。它位于北京西北郊，是清代北京著名的"三山五园"（香山静宜园、玉泉山静明园、万寿山清漪园、圆明园、畅春园）中最后建成的一座。

金、元时期，颐和园所在地就已成为著名的风景区，称为瓮山和瓮山泊。明代在这里建造了好山园，改瓮山泊为西湖，在瓮山南麓和西湖岸边建造圆静寺十刹，称为"西湖十景"。

清乾隆十五年，乾隆皇帝为其母孝圣宪皇太后祝寿，于瓮山南坡正中圆静寺旧址建大报恩延寿寺，扩展西湖并点缀亭、台、殿、阁等，成为著名的清漪园。同时改瓮山为万寿山，改西湖为昆明湖。咸丰十年（1860），园林被英、法侵略军焚毁。光绪十二年（1886）开始重建。光绪十四年，改名为颐和园。光绪二十一年（1895）工程结束，是慈禧太后挪用海军经费修建的。光绪二十六年（1900），八国联军入侵中国，颐和园再次遭劫。翌年重修，成为今天的规模。

颐和园的建造，

颐和园须弥灵境建筑群俯视

中国著名的古典园林、清代行宫花园——颐和园。

是以万寿山、昆明湖为基础，以杭州西湖风景为蓝本，吸取江南园林的设计手法而建成的一座大型天然皇家园林。

全园由宫殿区和园林区两部分组成。

宫殿区不大，在全园主要入口东宫门内，东去只通圆明园，北达前山，西南为前湖，位置适宜，是慈禧皇太后居住和处理政务的场所。在东宫门内建有宫廷区，作为接见臣僚、处理朝政的地方。宫廷区规模为对称布局，内建有殿堂、朝房、值房等建筑群。

园林区以万寿山、昆明湖为主体，分为前山前湖和后山后湖两部分。

前山（万寿山的南坡）及山前的前湖（昆明湖）是全园的主体。这里，湖、山、岛、堤相结合形成一幅如锦似绣的风景画。内有中央建筑群，包括帝、后举行庆典朝会的"排云殿"和佛寺"佛香阁"。佛香阁建在山南正中高台上，体量雄伟、造型敦厚，气宇轩昂，成为颐和园的构图中心。与中央建筑群相呼应的是横贯山麓、沿湖北岸东西逶迤的"长廊"，它是中国园林中最长的游廊。整个前湖区，色彩富丽，金碧辉煌，极富皇家气派。前湖开阔浩渺，是清代皇家诸园中最大的湖泊。湖中一道长堤——西堤，它把整个湖面划分成3个水域，每个水域各有一个湖心岛，岛上建有龙王庙、治镜阁、藻鉴堂，三岛象征中国古老传说中的东海三神山——蓬莱、方丈、瀛洲。其中龙王庙岛最大，有石砌17孔桥和湖东岸相接。西堤以及堤上的6座桥模仿杭州西湖苏堤的"苏堤六桥"，使昆明湖更神似杭州西湖。

后山（万寿山北坡）和后湖（一串人工小湖），其景观与前山前湖迥然不同。

后山清净而富野趣，后湖曲折而深邃。后山的建筑物数量不多，除中部的佛寺"须弥灵境"外，其他都各自成小园林。或踞山头，或倚山坡，或临水面，随处而立，装饰清雅质朴，与整个环境气氛十分协调。后山、后湖山嵌水抱，"虽由人作，宛自天开"。后山有谐趣园、霁清轩，其中谐趣园是仿无锡寄畅园而建的园中之园，甚为精致，富于诗情画意。

颐和园作为大型皇家园林，是中国目前保存得最完整的一座行宫御苑，它集中体现了中国古代园林建筑艺术的卓越成就。

颐和园佛香阁